Optimisme durable

Comment les nouvelles technologies changent *déjà* le monde

Coordination éditoriale : Véronique Lefebvre
Suivi éditorial : Mélincia Pecnard
Conception graphique : Franck Desplats

23, rue du Cherche-Midi, 75006 Paris
Vous pouvez consulter notre catalogue général
et l'annonce de nos prochaines parutions sur notre site :
www.cherche-midi.com

Optimisme durable

Comment les nouvelles technologies changent *déjà* le monde

le
cherche
midi

Avec les contributions de :

Éric Albert, psychiatre, fondateur de l'IFAS, cabinet de conseil dans le domaine du stress et des comportements managériaux.

Bernard Benhamou, délégué aux usages de l'Internet auprès du secrétariat d'État au Developpement de l'économie numérique et du ministère de la Recherche et de l'Enseignement supérieur.

Gilles Berhault, président de l'association Communication et Information pour le développement durable, du Cluster Green and Connected Cities, délégué de la direction scientifique de l'Institut Télécom et auteur de *Développement durable 2.0*, Éditions de l'Aube, 2009.

Charles-Henri Besseyre des Horts, professeur associé au département Management et Ressources humaines de HEC Paris et auteur de *L'Entreprise mobile. Comprendre l'impact des nouvelles technologies*, Pearson Education, 2008.

Philippe Breton, professeur au Centre universitaire d'enseignement du journalisme (CUEJ) à l'université de Strasbourg, chargé de mission « Vie démocratique » auprès de la présidence de l'université de Strasbourg, directeur éditorial du magazine *Savoir* et co-auteur de *Le Silence et la Parole contre les excès de la communication*, Érès, 2009.

Jean Chabbal, directeur du département des microtechnologies pour la biologie et la santé (CEA-Leti).

Bernard Charlès, directeur général de Dassault Systèmes

Boris Cyrulnik, chercheur et professeur à l'université du Sud-Toulouse-Var et auteur de nombreux ouvrages dans lesquels il développe le concept de résilience.

Florence Devouard, ancienne présidente du conseil d'administration de la Wikimedia Foundation et fondatrice de Wikimedia France.

Pierre Espinoza, médecin interniste, gastro-entérologue et urgentiste et coordonnateur de la recherche sur l'utilisation de la télémédecine aux urgences et en gériatrie à l'hôpital européen Georges-Pompidou.

Jean Magerand et Élizabeth Mortamais, architectes, paysagistes, docteurs en sciences de l'information, enseignants et auteurs de *Vers la cité hypermédiate, du modernisme-fossile à l'hypercité immédiate*, L'Harmattan, 2003, et de *Vers l'hyperpaysage*, L'Harmattan, 2009.

Philippe Moati, professeur d'économie à l'université Paris-Diderot, directeur de recherche au CRÉDOC, économiste et coordonnateur de *Nouvelles technologies et modes de vie, aliénation ou hypermodernité ?*, Éditions de l'Aube, 2005.

François Moisan, directeur exécutif de la stratégie, de la recherche et de l'international à l'ADEME.

Christian Nibourel, président d'Accenture et responsable de la région France, Belgique, Pays-Bas, Luxembourg.

Jean-Marie Pelt, pharmacien agrégé, botaniste et écologiste, fondateur de l'Institut européen d'écologie et auteur d'une *Petite histoire des plantes : carnet de bord d'un botaniste engagé*, Carnets Nord, 2009.

Stéphane Rozès, ancien directeur général de CSA et directeur du pôle Opinion, image et stratégies, aujourd'hui président de la société CAP, Conseils, Analyses et Perspectives, enseignant à HEC et Sciences-Po.

Jean-Pascal Tricoire, président du directoire de Schneider Electric

Nicolas Vanbremeersch, fondateur et directeur de l'agence Spintank, blogueur, chroniqueur.

Introduction

Grosso modo, l'Internet a mon âge. Conçu dans les années 1960, le premier réseau d'ordinateurs interconnectés devient une réalité en 1972. Très basique, ce réseau qui fait fonctionner une quarantaine de sites distants pose, de fait, les grands principes de l'Internet. Je suis bien loin d'imaginer alors que ma carrière professionnelle me conduira un jour à diriger la filiale française de Cisco, l'entreprise qui, depuis sa création en 1984 par Leonard Bosack et Sandra Lerner, joue un rôle majeur dans le développement des technologies de l'information et de la communication (TIC).

En fait, c'est en intégrant une école d'ingénieurs en 1984 que je commence à me passionner vraiment pour les « nouvelles technologies » et à suivre la montée en charge de l'Internet. En 1985, alors que je suis en première année à l'ENSEM[1], le TCP/IP, le protocole sur

1 École nationale supérieure d'électricité et de mécanique de Nancy.

lequel repose l'Internet, est adopté par la NSF[2] et devient le standard qui permet aujourd'hui de relier des millions d'ordinateurs à travers le monde. En 1987, année de mon diplôme, on recense 10 000 ordinateurs connectés dans le monde.

Les responsabilités que j'assume d'abord chez IBM France, puis chez SAP, en Allemagne notamment, et enfin chez Compaq Europe me procurent pendant plus d'une quinzaine d'années un fantastique poste d'observation de la planète « TIC ». Chez Cisco, que je rejoins en 2006, je prends pleinement conscience que les questions numériques concernent désormais tous les domaines de l'activité humaine. La production de biens et de services bien sûr, en termes de gains de productivité, de maîtrise des coûts, de mise en place de modes de management fondé sur la collaboration. Mais aussi de nouvelles pratiques et de nouvelles façons de penser la santé, l'éducation, l'urbanisme, l'aménagement du territoire, l'administration électronique, et plus largement, la démocratie.

Porté par l'enthousiasme, je plaide inlassablement pour l'adoption rapide et massive des TIC. Mais, nécessairement, je m'interroge aussi sur l'impact de cet Internet de plus en plus présent dans nos vies. Si l'ingénieur s'émerveille toujours des prouesses technologiques, le père de famille questionne les promesses des technologies pour les générations actuelles et futures, et le citoyen ne peut faire l'impasse sur les questions de société qui en découlent. Car interconnecter des réseaux, c'est relier entre eux des individus, des cultures, des rêves. Bien plus que permettre de communiquer toujours plus vite, c'est modifier profondément la façon dont les gens vivent, apprennent et s'informent, travaillent et se divertissent, créent et partagent du savoir et de la richesse.

2 La National Science Foundation (NSF) est l'instance américaine qui géra l'Internet, alors connu sous le nom de NSFNET, de 1990 à 1995.

Devenu progressivement le système nerveux de nos sociétés, l'Internet procède irrémédiablement à une mise en réseau du monde et, de fait, redéfinit le « vivre ensemble » à l'échelle de la planète comme à l'échelle de nos vies, de nos familles, de nos communautés.

Les dix premières années du nouveau siècle ont vu une accélération sans précédent de l'adoption des TIC. L'irruption d'Internet dans nos vies, rendu plus puissant encore par le haut débit, est qualifiée de « révolution numérique ». Le parallèle entre cette révolution et la précédente, la révolution industrielle, ne me semble pas abusif car c'est bien le passage d'une société à une autre que nous traversons. Faire référence à la notion de révolution implique l'idée de rupture avec le passé, ce qui ne me semble pas exagéré pour décrire les fantastiques bouleversements engendrés par les technologies et la profonde mutation que connaît, conséquemment, notre société. Ne nous y trompons pas, le modèle de société qui s'installe n'est pas une version médiatisée par l'Internet de celui qui a prévalu jusqu'ici. Il s'agit bel et bien d'une révolution car les usages numériques refaçonnent notre manière de penser la société plus que nous n'en avons encore vraiment conscience.

Les possibilités offertes par les TIC ont évolué considérablement plus vite que la perspective sociétale qui, elle, est encore trop souvent construite sur les représentations d'hier. On appréhende encore le monde numérique comme quelque chose duquel on se connecte et on se déconnecte, une fois l'usage satisfait. Notre compréhension du monde reste marquée par les objets « inanimés » auxquels nous sommes habitués alors que, déjà, nous sommes entrés dans un environnement interactif où les objets communiquent entre eux, une « infosphère » comme l'a pertinemment analysé le philosophe italien Luciano Floridi[3], l'un des plus importants théoriciens de la philoso-

3 The Digital Revolution as a Fourth Revolution, blog de Luciano Floridi : http://www.philosophyofinformation.net/blog

phie de l'information. Pour ce professeur de l'université d'Oxford, la révolution numérique est la quatrième révolution de l'histoire de l'humanité.

Cette révolution technologique majeure s'inscrit, en outre, dans un contexte tout à fait inédit. Comme on parle de guerre totale pour décrire un conflit qui se joue sur tous les fronts et abolit les limites entre armée et société civile, nous vivons une véritable « crise totale » tant les défis sont multiples et imbriqués, au-delà même des questions d'économie et d'écologie. Optimiste, je veux voir la crise comme une chance, comme un accélérateur de prise de conscience, comme une incitation à adapter nos modes de production aux enjeux environnementaux et nos pratiques sociales aux aspirations humaines.

Sortir de la crise par le haut ? En France, un secrétariat d'État à l'économie numérique a été créé, avec la lourde tâche de faire entrer notre pays dans cette nouvelle ère. Si je salue son action et celle de sa ministre, je déplore toutefois son manque de moyens et, de fait, son incapacité à peser sur la décision publique. Alibi ou déclencheur, je m'interroge sur cette façon étrange de « parquer » les enjeux numériques plutôt que de les transversaliser... On a souvent apparenté l'apprentissage du numérique à celui d'une langue : si comparaison n'est certes pas raison, est-il sage que ce savoir ne soit développé que par un seul élève de la classe politique ?

Vivre dans un monde interconnecté est plein de promesses mais lesquelles ? Selon les individus – et parfois pour un même individu ! –, les TIC sont porteuses d'une espérance angélique ou d'une diabolique menace. Par nature optimiste, j'ai voulu dans ce livre frotter mes convictions aux points de vue de personnalités venues d'horizons différents : médecins, chercheurs, intellectuels, blogueurs, chefs d'entreprise... J'ai ressenti le besoin impérieux de faire un « arrêt sur images » pour mesurer le chemin parcouru en une poignée d'années. Pas tant en ce qui concerne le progrès technologique – même si Cisco a annoncé en mars 2010 la mise sur le marché d'un routeur qui offre trois fois plus de capacité que son prédécesseur et ouvre ainsi la voie à l'essor considérable des transmissions vidéo, des appareils mobiles et des nouveaux services en ligne – qu'en termes d'invention et d'adoption de nouveaux usages rendus possibles par les technologies.

Qu'il s'agisse d'enjeux environnementaux, sanitaires et sociaux, économiques, politiques, de nombreux exemples témoignent déjà de la contribution positive des technologies aux défis de la société contemporaine. Ce livre propose un tour d'horizon, pratique et concret, des solutions technologiques développées dans différents domaines. À travers ce recueil de propos, je veux aider à faire prendre conscience du potentiel des TIC, non pas dans dix ou vingt ans mais là, ici et maintenant. J'espère montrer qu'au-delà de l'échange d'informations, désormais largement digéré, ces technologies – qui ne sont plus tout à fait nouvelles – sont porteuses d'innovations déjà bien concrètes, même si de nombreuses autres sont encore, heureusement, à inventer.

Ce livre n'est surtout pas un ouvrage de prospective ou de futurologie. Ce n'est ni mon propos ni mon tempérament. En outre, j'ai voulu éviter les fantasmes et les sottises, écueil facile dès qu'il s'agit de technologies. Lorsque la tentation de l'utopie m'est venue, j'ai pensé à Ken Olsen, cofondateur, avec Harlan Anderson, de Digital Equipment Corporation qui statuait en 1977 : « Il n'y a aucune raison que les gens aient un jour un ordinateur chez eux. »

Je ne souhaite pas projeter le lecteur dans un futur hypothétique – idéal ou effrayant – mais faire le constat enthousiaste de tout ce qui peut nous rendre optimiste pour ce siècle car, pour plagier le célèbre slogan que la marque Philips utilisait dans les années 1990 : c'est déjà demain ! C'est bien à un « retour vers le présent » que j'invite le lecteur. Ces pages se veulent un catalyseur d'énergies susceptible de le mettre en mouvement pour qu'il participe à la nécessaire reformulation des enjeux sociétaux et des bénéfices attendus du développement de l'Internet, pour qu'il interpelle, de manière constructive, les décideurs de la sphère politique comme de la sphère économique et les pousse, dans les différents champs concernés, à mettre rapidement en œuvre les technologies puisqu'elles existent.

Pour moi, les TIC sont sources d'optimisme durable car elles font écho – en positif si on le décide – à l'aspiration de nos contemporains pour un monde plus respectueux des humains et de la planète. Si je souhaite clairement partager mon optimisme avec le lecteur, ce livre est avant tout un espace de réflexion, de débats et d'échanges dans lequel les mises en cause ne sont pas esquivées. C'est sans préjugés ni angélisme béat, mais avec un parti pris revendiqué donc – celui de l'optimisme – que ces témoignages doivent venir utilement alimenter la réflexion, à la fois vaste et pragmatique, à laquelle nous invite la société technologiquement modifiée qui est dorénavant la nôtre.

« Le monde appartient aux optimistes, les pessimistes ne sont que des spectateurs », disait François Guizot. Au-delà des idées propres à l'homme politique de son temps, je retiens que, sous son ministère, la France s'industrialisa comme jamais. Sous son impulsion, routes, canaux, chemins de fer donnèrent au pays les structures de transport dont il avait besoin pour tirer profit des promesses de la société née de la révolution industrielle, une société jusque-là essentiellement agricole et artisanale. Comme Guizot, je pense que les défis que notre société doit relever sont politiques et sociologiques avant d'être économiques. Ils sont aussi, de manière criante, écologiques.

Je tiens à remercier ici très chaleureusement les personnalités qui ont accepté de me donner leur point de vue, riche de leur expérience professionnelle et de leur intelligence. Leurs regards, parfois critiques, me confortent dans mon postulat de départ : les technologies sont sources d'optimisme durable ! Mais je ne voudrais pas vous influencer.

Laurent Blanchard

En parallèle de ce livre, le lecteur qui voudrait entrer dans la conversation pourrait se rendre sur mon blog **www.blogdelaurentblanchard.com**
Il y retrouverait les témoignages des personnalités dont les propos figurent dans ce livre sous forme de courtes vidéos ainsi que d'autres contributions.

Monde du travail :

vers une réinvention des rapports sociaux et des modes de production ?

C'est peut-être dans le monde professionnel que les nouvelles technologies provoquent deux visions aussi contrastées de leur impact. Indispensables pour donner aux organisations l'agilité dont elles ont besoin, elles sont parfois (souvent ?) vécues par les individus comme abusivement intrusives. Pour les uns comme pour les autres, être connecté en tous temps et en tous lieux présente d'indéniables avantages mais pose aussi des questions qui vont bien au-delà des gains de productivité et des enjeux de compétitivité.

Une fois de plus dans l'histoire de l'humanité, la question n'est pas de refuser le progrès technologique mais d'en comprendre ses implications pour s'adapter et en tirer le meilleur. Pour moi, les technologies ne sont pas coupables, le mauvais usage qu'on peut en faire, oui.

En abolissant les distances, spatiales et temporelles, les TIC nous font perdre nos repères. Ce qui est fascinant – interagir en temps réel avec le monde – peut aussi être déstabilisant. C'est le cas quand, hors de son contrôle ou de sa volonté, s'estompe la frontière entre travail et vie privée, entre implication et aliénation. Le stress fait alors son lit dans la distance qui se creuse entre les ressources dont dispose l'individu pour agir et les contraintes que l'entreprise exerce sur lui.

Trouver sans cesse la juste distance entre le besoin de flexibilité de l'organisation et le besoin d'intimité de l'individu est le défi que les TIC proposent aux managers de ce siècle. Déjà se réinventent des formes d'organisation du travail plus collaboratives, plus soucieuses de libérer le potentiel de créativité des individus, de respecter leur personnalité. Et, progressivement, le management par le contrat prend le pas sur le management par le contrôle. Peut-il en aller autrement alors que, pour la première fois dans l'histoire de l'entreprise, les collaborateurs les plus jeunes sont en avance sur les organisations ?

Vers l'entreprise nomade ?

Avec la multiplication des smartphones, des PC connectés sans fil à Internet, de la téléprésence, l'entreprise est peu à peu en train de se libérer des pesanteurs d'antan et ouvre un champ inédit à la créativité de ses collaborateurs. À moins que n'apparaisse un « néotaylorisme » souple et invisible ? Tout dépendra en fait de la maîtrise qu'elle aura de ces technologies nouvelles, de ses organisations et de ses objectifs. Charles-Henri Besseyre des Horts, professeur associé au département Management et Ressources humaines de HEC Paris, auteur de *L'Entreprise mobile. Comprendre l'impact des nouvelles technologies*[1], analyse comment les nouvelles technologies transforment en profondeur l'entreprise d'aujourd'hui.

Vous avez publié récemment un livre intitulé *L'Entreprise mobile.* Qu'entendez-vous par là ?

Je voudrais d'abord évoquer la genèse de cet ouvrage. À la fin de 2003, la direction générale d'HEC m'a proposé de diriger une chaire de recherche sponsorisée par la société Toshiba, sur le thème de la

1 Pearson Education, 2008.

mobilité. Pourquoi avait-elle choisi de faire appel à un professeur spécialisé dans les ressources humaines ? Le DG de Toshiba était particulièrement intéressé par les aspects humains et organisationnels de ces technologies. Nous avons donc mené des travaux d'enquête et de recherche sur l'impact des outils nomades, au sens le plus large du terme. Le premier d'entre eux portait sur le téléphone portable.

Comment avez-vous procédé ?

Je suis parti des travaux d'un courant de pensée que l'on appelle l'école sociotechnique. Il s'agit d'une école de théorie en gestion, née dans les années 1950, qui part de l'idée que la technologie n'est pas neutre. Pour cette école, la technologie, quelle que soit sa nature, est porteuse d'une dimension sociale. En d'autres termes, à chaque fois que l'on change le système technique, le système social est modifié. Et chaque bouleversement technique dans l'histoire a engendré des résistances. Je pense à la révolte des canuts de Lyon par exemple... Cette approche ne refuse pas le progrès mais elle tente d'analyser ses incidences. Elle a encouragé, par exemple, des travaux, dans les années 1960 et 1970, sur l'amélioration des conditions de travail alors que nous étions en plein développement des systèmes automatiques.

J'imagine que vous avez étudié les travaux qui existaient sur la question ?

Bien sûr. Nous avons procédé à une revue de la littérature sur le sujet. Nous nous sommes rapidement aperçus que la plupart des travaux consacrés aux technologies nomades étaient essentiellement de nature technique. Il n'y avait quasiment aucune interrogation sur le système organisationnel et humain. Certaines études existaient en revanche sur le travail virtuel et nomade, mais il n'y avait pas de correspondance totale entre les deux. Or, la caractéristique de la virtualité réside dans le fait que les gens ne se voient jamais et qu'il y a donc rupture de l'unité de lieu. D'autres travaux abordaient la question de la rupture de l'unité de temps : ces outils nous amènent, potentiellement, à travailler vingt-quatre heures sur vingt-quatre. Ils offrent la possibilité d'être connectés *any time, anywhere*, n'importe quand, n'importe où.

Ce premier bilan ouvrait donc un large boulevard à vos recherches ?

J'ai proposé d'analyser les conséquences positives et négatives de ces technologies nomades avec l'idée de prendre le recul nécessaire sur leurs usages. À l'époque, on utilisait encore les Palm et les PDA *(personal digital assistant)*, non communicants. Entre le début et la fin de mon enquête, nous avons assisté au développement absolument phénoménal des smartphones qui combinaient les fonctions des PDA – gestion, agenda, dossiers –, celles du téléphone et celles d'Internet grâce au Wi-Fi. Puis ce fut enfin la révolution du BlackBerry : pour la première fois, on a utilisé une technologie grâce à laquelle les gens peuvent récupérer leurs mails. Dès lors, l'individu se trouve en permanence en ligne, connecté à son patron ou à son client... Le BlackBerry est sans doute l'un des instruments les plus pratiques et les plus intrusifs que l'on n'ait jamais inventés. Il a poussé le PC lui-même à évoluer, notamment sur la question de la portabilité et du poids. Aujourd'hui, vous pouvez trouver des machines pesant moins d'un kilo, connectées par Wi-Fi... De toute évidence, on gagne en nomadisme.

Pourquoi les entreprises se sont-elles lancées dans ces technologies nomades ?

D'abord, parce que tout le monde le fait ; il s'agit d'un simple phénomène d'imitation. Ensuite, certaines activités sont plus nomades que d'autres, celle des vendeurs par exemple. Il y a aussi la pression des clients connectés exigeant que l'entreprise le soit. Enfin, de plus en plus de jeunes gens ont baigné dans ces technologies et ils ne conçoivent pas qu'une entreprise ne les utilise pas, sous peine de passer pour ringarde à leurs yeux. Pour la première fois dans l'histoire des systèmes d'information, les collaborateurs sont en avance sur l'entreprise. Il y a enfin une question d'efficacité : ces outils favorisent l'augmentation de la productivité. Mais, attention, ce n'est pas forcément parce qu'une entreprise dispose de superoutils nomades que la performance des vendeurs s'améliore automatiquement. Ils peuvent au contraire perdre beaucoup plus de temps à gérer leurs mails par exemple.

Alors, quelles sont les conséquences de l'utilisation des outils nomades pour les entreprises ?

Pour l'organisation, ces outils ont apporté plus d'efficacité et de réactivité : l'entreprise est devenue plus « agile ». Dans l'automobile, par exemple, le vendeur, grâce à son PC nomade, peut offrir une réponse complète à un client devenu plus exigeant. Il est capable de commander en ligne devant lui la voiture souhaitée. C'est ce que l'on appelle la customisation de masse... Ces outils permettent aussi des économies de structures : plus vous favorisez la mobilité du personnel, moins vous avez besoin de surfaces de bureaux, tout simplement.

Et puis, les entreprises sont amenées à mieux comprendre leurs processus de fonctionnement. Si vous donnez à vos vendeurs de magnifiques outils nomades mais qu'ils sont incapables de les utiliser faute de bonnes informations, cela ne sert à rien ! C'est également vrai de la sécurité : si l'outil est perdu, il faut s'assurer que personne ne puisse avoir accès aux informations qu'il contient. Tout cela doit donc être organisé rigoureusement.

Qui sont ces nomades dans les entreprises ?

Les deux populations les plus nomades sont les acteurs de terrain, vendeurs, consultants, techniciens d'EDF ou de SFR... et les managers encadrants. Ces derniers coordonnent des équipes qui sont réparties sur différents sites. Ils passent leur vie dans les avions, dans les TGV

Il faut passer

d'une culture du contrôle,

où vous pouvez voir les gens,

à une culture de la confiance.

et doivent maintenir un contact avec elles. Il y a enfin des populations qui deviennent nomades et dont le nombre s'accroît de jour en jour. Par exemple, les DRH se déplacent de plus en plus dans les usines plutôt que d'avoir des équipes assez lourdes sur place. On fait donc, de ce point de vue, des économies substantielles.

Quelles sont les conséquences négatives pour l'entreprise ?
Je préfère parler de risques car les conséquences de ce type d'organisation ne deviennent négatives que si un certain nombre de conditions ne sont pas réunies. L'un des premiers risques est le risque culturel. Lorsque l'on devient nomade, il faut que la culture de l'entreprise ait elle-même évolué. Si ce n'est pas le cas, cela peut provoquer des comportements déviants. Si vous restez dans une logique très *top down*, il y a problème. Il faut passer d'une culture du contrôle, où vous pouvez voir les gens, à une culture de la confiance. Le fait que l'entreprise ne respecte plus l'unité de lieu demande un comportement plus responsable de la part des acteurs, plus autocontrôlé. On ne leur demande pas de faire des heures, mais de répondre à leurs clients et d'avoir des résultats. En d'autres termes, il faut passer de la pyramide au réseau.

Il y a également, vous l'avez évoqué, le risque sécuritaire ?
Effectivement. Il est vrai que ces technologies sont potentiellement porteuses de risques : perte de données, vols... On y répond par des dispositifs techniques et comportementaux. Les gens, par exemple, ne doivent pas allumer leur portable en public. Il y a aussi le risque de la surinformation. À partir du moment où vous pouvez communiquer avec n'importe qui, n'importe quand, vous avez tendance, évidemment, à en abuser. Le nombre de mails, par exemple, a été décuplé. Cela fait peser inévitablement un risque sur la qualité des décisions. Si les gens répondent trop rapidement à des problèmes complexes, ils n'ont plus le recul et la distance nécessaires. Et puis, je ne suis

"*Curieusement, la Toile produit l'effet inverse de la technologie. De nouveaux liens transversaux sont en train de se créer, et d'une certaine manière, permettent ce ré-enchantement du quotidien. Et ces liens, auxquels nous ne sommes pas habitués, qui reposent sur des affinités électives, génèrent une nouvelle socialité. Avec la technique renaît ce qui semblait alors oublié : le rêve, le jeu, le plaisir de partager. La dimension ludique qui émerge aujourd'hui joue un rôle considérable dans ce ré-enchantement des mondes virtuels et réels.*"

Michel Maffesoli, interviewé par le site internet de l'UJJEF (Union des journalistes et des journaux d'entreprise de France), 17 avril 2008

pas totalement convaincu que ces outils ont un retour productif dans toutes les circonstances. Nous possédons, par exemple, très peu de mesures concernant les retours sur investissements. Les gens n'ont pas les moyens de les évaluer. L'un des rares chiffres que nous ayons pu obtenir au cours de cette enquête concerne la diminution de la surface des bureaux, celle-ci aurait diminué de 15 % du fait de l'utilisation des technologies nomades.

Le dernier risque que je voudrais évoquer est celui de l'éclatement du corps social. Ces technologies maintiennent les gens connectés vingt-quatre heures sur vingt-quatre, mais ce n'est pas pour cela qu'ils ont le sentiment de vivre en communauté. On assiste en fait à un affaiblissement du collectif. Lorsque les personnes vivent en nomadisme virtuel, ils n'ont plus aucun moyen de nouer des relations. Regardez ce qui s'est passé avec le e.learning. Il y a quelques années, on disait que celui-ci allait constituer une révolution. En fait, il ne s'est pas développé considérablement car les gens ont besoin de se retrouver ensemble pour échanger. En fait, c'est un leurre de croire que les technologies seules créent du lien.

Cela nous ramène aux individus. En quoi ces technologies ont-elles un impact sur eux ?

Au chapitre des points positifs, les gens nous disent qu'ils sont plus réactifs, qu'ils perdent moins de temps. Les outils nomades leur permettent notamment de limiter les moments perdus, par exemple dans les salles d'attente des aéroports. Les prises de courant dans les avions ou dans les TGV constituent, de ce point de vue, un changement révolutionnaire. Et puis, ces outils leur permettent également de mieux organiser le temps. Comme ces jeunes consultants à qui ils donnent une grande flexibilité pour être auprès de leur famille. Ils peuvent quitter le bureau à 18 heures, se retrouver avec leurs enfants à l'heure du bain et du dîner, et reprendre le travail à 21 heures. Il s'agit d'une recomposition volontaire de la journée de travail. On pourrait également évoquer le cas d'un certain nombre de salariés de niveau hiérarchique moins élevé. Par exemple, les conducteurs de camions-poubelles de Veolia nous ont expliqué que ces outils nomades leur confèrent plus de prestige. Grâce à l'ordinateur dans le camion ou le GPS, ils peuvent intervenir plus facilement sur des problèmes de trafic ou d'enlèvement d'ordures. Ils répondent d'une façon plus rationnelle car ils disposent d'une base de données bien renseignée. Ils ont le sentiment *in fine* que leur travail s'est enrichi.

Mais alors, quels sont les risques pour les individus ?

Le premier risque concerne celui de l'équilibre entre le travail et la vie privée. Évidemment, tout le monde n'est pas concerné ; certains sont capables de gérer ce travers et d'autres pas. Mais dans une culture où vous avez l'obligation de répondre en permanence à vos clients, vous êtes facilement coincés. Dès lors, ce n'est pas l'individu qui est en cause, c'est bien l'organisation. Le fait de pouvoir être contacté de manière continue crée du stress, accentué par la pression des managers et celle des clients. De ce point de vue, je pense qu'il existe aujourd'hui un risque néotaylorien. La révolution taylorienne ne réside pas seulement dans la division horizontale du travail – Adam Smith l'avait défendue dès 1776 –, mais, pour la première fois dans le monde industriel, dans la déconnexion des tâches de conception et d'exécution, la séparation de la tête et des mains, en d'autres termes la division verticale du travail.

Or, ces technologies peuvent retirer de l'intelligence à des acteurs de terrain. Le chef, avec qui ils sont connectés sans interruption, peut avoir tendance à leur dicter quoi faire à tout moment. Par exemple, chez les vendeurs, le VRP d'antan était totalement autonome : il organisait ses tournées et rendait des comptes une fois par jour à son hôtel, par téléphone. Aujourd'hui, il n'a souvent plus aucune autonomie. Ce phénomène est aggravé par la géolocalisation qui devient potentiellement un flicage électronique puisqu'on est toujours capable de savoir où se trouvent les personnes. Cela peut être rapidement Big Brother ! Tout cela risque d'aggraver le stress des travailleurs : certains peuvent couper leur portable, d'autres pas. Encore une fois, ce n'est pas le BlackBerry qui est critiquable, c'est bien l'usage que l'on en fait et l'organisation que l'on met en place.

Êtes-vous, malgré tout, optimiste quant à l'utilisation de ces technologies ?

Elles doivent participer effectivement d'un optimisme durable car, par essence, elles sont porteuses de progrès. Mais il faut être conscient qu'il existe des risques parce que les usages sont mal calibrés, parce que les enjeux sont mal mesurés, parce que les individus souffrent, parce qu'ils font de la résistance – comme dans chaque période de changement. Elles libèrent les personnes, elles rendent les entreprises plus flexibles, plus efficaces, à condition de les maîtriser. Pour terminer, je vous ferai part d'une observation. Qui sont les acteurs de l'entreprise impliqués directement dans le développement de ces technologies ? Les directeurs généraux, les DSI[2], les directeurs financiers pour les questions d'investissements, mais pratiquement jamais les DRH, alors que, selon moi, nous assistons à un changement plus organisationnel que technologique.

2 Directeurs des systèmes d'information

Technologies libératrices ou aliénantes ?

Le stress survient lorsque l'individu a le sentiment de ne plus pouvoir répondre aux sollicitations de son environnement. Faut-il alléger les contraintes qu'il subit ou faut-il l'aider à s'adapter à celles-ci ? Au cœur de cette problématique, les nouvelles technologies de l'information peuvent jouer le rôle du meilleur ou du pire. Instruments de libération ou d'aliénation ? Éric Albert, psychiatre, fondateur de l'IFAS[1], cabinet de conseil dans le domaine du stress et des comportements managériaux, estime que l'une des réponses à cette question réside dans l'évolution du management.

Vous êtes psychiatre. Qu'est-ce qui vous a amené à vous intéresser au stress et à fonder l'IFAS ?

En tant que psychiatre, j'ai beaucoup travaillé sur la question de l'anxiété. J'ai créé l'IFAS à la fin de mon internat. Au départ, je souhaitais m'intéresser au stress, mais rapidement je me suis tourné vers les comportements managériaux. En d'autres termes, je me suis demandé comment aider les managers à prendre conscience de l'impact de leur comportement sur leurs collaborateurs. Travailler sur le stress sans

1 Institut français d'action sur le stress.

travailler sur le management revenait pour moi à ne traiter qu'un aspect du problème. Évidemment, depuis quelque temps, nous abordons énormément la question du stress. Nous travaillons sur la mesure de celui-ci, sur le fait de pouvoir l'objectiver, et nous nous posons la question : dans quelle mesure est-il lié à la vie professionnelle ? Évidemment, nous sommes tous potentiellement en situation de « surstress ». Celle-ci est due à toute une série de facteurs que l'on peut plus ou moins contrôler : des événements liés à l'existence, à la façon dont nous gérons notre quotidien, mais aussi, à la vie professionnelle. Il s'agit donc de se poser la question : dans quelle mesure l'entreprise est-elle responsable du stress de ses collaborateurs et que peut-elle faire pour l'éviter ?

Comment définissez-vous le stress ?

Le stress n'est pas un phénomène objectif. C'est la perception d'un déséquilibre entre les contraintes auxquelles un individu est soumis et les ressources dont il dispose pour y faire face. C'est ce décalage qui crée le stress. Cela pose donc une double question : celle de l'adaptabilité de l'individu et celle du poids de l'environnement. Il s'agit en fait d'un sujet à forte connotation idéologique. Vous pouvez aborder le stress par le biais de la contrainte de l'organisation. Il s'agit classiquement de la vision dominante des partenaires sociaux dans l'entreprise. En revanche, vous pouvez penser que cette question relève de l'individu, puisque, à contraintes égales, certains s'adaptent bien, d'autres non. On va alors apprendre à ceux qui s'adaptent mal à bien s'adapter. Nous sommes là dans une vision libérale et patronale. En France, pendant des années, cette opposition nous a enfermés dans un débat stérile avec des procès d'intention qui existent toujours : vous êtes du côté des patrons ou du côté des syndicats avec, à la clé, un clivage très fort des acteurs. Pourtant, la recherche mondiale admet aujourd'hui qu'il s'agit à la fois d'un problème de contraintes et d'individu. La question est donc celle de l'adaptabilité de l'individu ou de la structure : jusqu'où l'individu peut-il s'adapter à l'environnement dans lequel il se trouve ; jusqu'où peut-on lui demander de le faire ?

Dès lors, quel est le sens de votre action dans les entreprises ?

Nous cherchons à mesurer le stress en utilisant une échelle psychométrique – un questionnaire, en fait – comme cela se fait pour la dépression ou l'anxiété. Ce recueil est fait à un niveau individuel et, ensuite, nous faisons des statistiques sur l'ensemble de la population interrogée. Nous réalisons également une cartographie de l'entreprise afin de savoir comment sont réparties les populations en surstress afin de les identifier. Si tout un groupe d'une même entité est concerné, nous pouvons raisonnablement faire l'hypothèse qu'ils sont surstressés par l'entreprise. En revanche, si un individu est surstressé par son travail, faut-il forcément agir sur la contrainte ? Ce n'est pas certain. Prenons l'exemple d'un manager qui a dix collaborateurs. Parmi eux, un seul a une relation difficile avec lui. Faut-il changer le mode de management ? Il est légitime d'y renoncer et de trouver une solution individuelle. Par contre, si cinq ou six personnes sont dans cette situation, il faudra s'interroger sur le mode de management.

Lorsque vous parlez de « modes de management », qu'est-ce que cela signifie précisément ?

La relation managériale a un effet direct sur la perception du stress des collaborateurs. Elle concerne évidemment la reconnaissance, la qualité de l'échange, la capacité à obtenir de l'aide. Au cœur se trouve donc la relation de travail. Notre préoccupation est d'intervenir sur la qualité de cette relation et donc sur l'action des managers. Nous essayons de leur faire prendre conscience de l'effet de leur comportement sur l'autre et de leur apprendre à gérer leurs propres émotions.

Il y a aussi, je suppose, des actions auprès des individus ?

Effectivement, lorsqu'ils le souhaitent. En fait, le stress est vécu comme une contrainte vis-à-vis de laquelle on se positionne généralement en victime. Plus on se vit ainsi, plus on se sent stressé. Or, on s'aperçoit que souvent les individus ont une marge de manœuvre mais dont ils ont l'impression qu'elle n'existe pas. C'est finalement ce qui produit l'effet du stress. Sa gestion commence donc par la prise de conscience que cette marge de manœuvre existe et qu'il faut apprendre à l'utiliser. Je parle là du niveau individuel. Mais notre démarche consiste aussi, face à l'individu, à analyser dans quelle mesure l'entreprise est responsable du stress, pour ensuite l'aider à identifier comment le réduire, voire le supprimer.

Justement, faites-vous du comportement des managers l'une des causes essentielles du stress ?

L'entreprise est évidemment soumise à énormément de contraintes nouvelles. La capacité à s'adapter très vite à des événements globaux est devenue une obligation majeure. Pourquoi General Motors est-elle en perte ? Par défaut d'adaptabilité. On peut ainsi, quelle que soit la taille de l'entreprise, vivre des situations extrêmement violentes. Les gens sont donc plus sollicités avec une mondialisation qui rend la concurrence plus dure. Et, en France, les trente-cinq heures ont considérablement augmenté le stress parce qu'elles ont supprimé cet espace informel important que l'on appelle le « support social ». À quel moment et avec qui puis-je parler du fait que mon chef a été injuste à mon égard ou évoquer ma difficulté à traiter un problème ? Cet espace de support social a diminué et, dans le même temps, la performance s'est individualisée.

Vous dites donc que l'entreprise demande beaucoup plus à l'individu que par le passé ?

L'entreprise demande plus à ses salariés car elle doit elle-même s'adapter. La contrainte subie par l'entreprise l'est également par les collaborateurs. À partir de là, soit on la régule et l'on est capable de l'atténuer, soit on l'amplifie et on la déverse vers le bas. Compte tenu

“*Nous avons perdu la mémoire parce qu'elle est passée ailleurs : de la tête à l'objet. J'appelle ça l'externalisation de la mémoire. Avec les nouvelles technologies, votre ordinateur devient votre tête. Du coup, c'est une coupure aussi importante que l'écriture, qui a permis d'inventer l'histoire. C'est donc gigantesque! Nous sommes passés à un autre temps, qui n'a probablement rien, ou très peu, à voir avec celui qui le précède.*”

Michel Serre, *Revue Médias*, 2006

de cette évolution, les principaux leviers de l'entreprise sont le management et l'organisation du travail. On a pu montrer, par exemple, que plus les salariés ont de supérieurs à qui rendre compte, plus ils sont stressés. C'est vrai dans tous les types d'organisations, matricielles, c'est-à-dire horizontales, ou plus pyramidales, plus verticales.

Quel est le rôle des nouvelles technologies dans ces nouvelles contraintes ?

Les nouvelles technologies permettent, par exemple, d'éviter d'avoir une personne qui contrôle les chiffres puisque le salarié les introduit lui-même dans le système. Ce mode de fonctionnement a pour effet de « processiser » à l'extrême le travail de l'individu. Dès lors, on voit apparaître ce que l'on pourrait appeler un néotaylorisme dans lequel le contrôle *a posteriori* est remplacé par un contrôle *a priori*. Cette évolution a tendance à faire perdre à l'individu sa marge de manœuvre. Le salarié peut devenir quelqu'un qui subit, très vite victimaire, très vite surstressé. Ensuite, il y a la question de l'immédiateté de l'outil qui est extrêmement stimulante. Il y a là quelque chose qui relève de l'effet zapping qui oblige à réagir très vite, à passer très vite à autre

contrôle

Mais il faut

s'interroger sur l'usage de l'outil. Pourquoi et comment s'en sert-on ? Pour marquer son territoire, pour se couvrir – c'est la fonction du parapluie –, pour éviter de régler les conflits en direct, ou pour se valoriser…

chose… D'ailleurs, le fait de ne pas recevoir de mails peut être pour certains très angoissant : si je n'ai plus ce stimulus, je ressens très vite soit un sentiment d'ennui, soit une inquiétude provoquée par le fait qu'il pourrait se passer des choses sans que j'en sois tenu au courant. Mais cette immédiateté laisse également peu de place à la réflexion. Lorsque les gens ont besoin de réfléchir, ils ont beaucoup de mal à le faire. Cette difficulté pose un problème majeur, notamment pour les dirigeants pour qui le temps de la distance, de la réflexion, constitue une valeur ajoutée considérable.

Mais qu'est-ce qui est en cause, l'outil ou l'organisation autour de celui-ci ?

Les nouvelles technologies permettent de décloisonner, d'accéder très facilement à l'information et aux gens… Nous avons donc une capacité d'action démultipliée. Dans un modèle taylorien, vous ne pouviez vous adresser qu'à votre voisin ou à votre chef. Dans un modèle matriciel, vous avez vocation à communiquer avec un collègue à l'autre bout du monde pour lui poser une question technique dont il est réputé être le spécialiste. C'est d'une richesse extraordinaire. En revanche, personne n'a vraiment réfléchi aux comportements liés à ces nouveaux outils. Tout le monde part du principe que, pour savoir se servir du mail, il suffit de savoir se servir d'Outlook. Dès lors, le nouvel outil permet d'accéder à tous, de faire passer ce que l'on veut comme on veut. Mais il faut s'interroger sur l'usage de l'outil. Pourquoi et comment s'en sert-on ? Pour marquer son territoire, pour se couvrir – c'est la fonction du parapluie –, pour éviter de régler les conflits en direct, ou pour se valoriser… Trop souvent, on pense que les comportements adéquats vont suivre, et ce n'est pas forcément le cas ! Du coup, tout le monde croule sous le nombre de mails quotidiens. À travers l'utilisation des outils, il y a tout un jeu qui se déploie, en relation avec l'utilisation symbolique qu'en font les dirigeants. Rien n'est anodin :

à quelle heure les mails arrivent-ils ? Sont-ils envoyés pendant les vacances ? Combien de temps les interlocuteurs mettent-ils à répondre ? Toutes ces questions sont implicites, mais elles fonctionnent comme un mode de management.

Tout cela a donc un impact direct sur la vie quotidienne en entreprise...

La vie en entreprise devient de plus en plus formatée. Vous arrivez le matin, vous vous asseyez devant votre ordinateur, et les mails vous arrivent. Entre la gestion des mails et les réunions, 90 % des gens aujourd'hui au travail ont leur journée préétablie. Tout est organisé : le nombre de clients qu'ils doivent rencontrer, le nombre de mails auxquels ils doivent répondre. Le soir, ils pourraient se poser la question : qu'ai-je fait de ma journée ? Et se dire que celle-ci a beaucoup ressemblé à la précédente... Mais c'est une situation qui convient à beaucoup de personnes ! Évidemment, il manque un espace de réflexion et d'autonomie : quand les gens s'écartent-ils du courant général ? Quand tentent-ils de prendre les chemins de traverse ? Cette situation pèse évidemment sur la créativité et étouffe le support social dont nous avons parlé.

Au bout du compte, on fait ce que l'on veut de ces nouvelles technologies...

autonomie

Les nouvelles technologies constituent, pour ceux qui savent les utiliser, un élément foncièrement « déstressant ». Je connais, par exemple, de nombreux dirigeants qui, il y a quelques années, avaient le plus grand mal à partir en vacances parce qu'ils avaient des difficultés à régler des problèmes à distance. Aujourd'hui, avec les nouvelles technologies, s'ils sont bien organisés, ils peuvent le faire. Celles-ci permettent un usage du temps beaucoup plus souple, à condition de ne pas en être l'esclave. Je suis chez moi, les enfants sont couchés, ma femme lit son livre, j'ai une heure ou deux devant moi, je vais en profiter pour travailler. Quelle liberté !

Mais il y a tout de même les systèmes de géolocalisation : lorsque la personne s'arrête dans un café, on le sait tout de suite, et elle se fait taper sur les doigts !

Qu'elle se fasse taper sur les doigts dans ce cas précis ne me choque pas. Mais ce qui me paraît plus essentiel est que l'on puisse fournir au salarié la possibilité de juger lui-même du temps qu'il doit passer avec chaque client. Sinon, en « taylorisant » le salarié, on « taylorise » le client lui-même. C'est un phénomène que l'on a tous vécu à un moment ou à un autre ! Je pourrais éventuellement l'accepter d'une compagnie aérienne à bas coût, je ne l'accepterai pas de la part d'Air France. En fait, les nouvelles technologies ne pourront jamais apprécier l'émotion de la personne qui est en face de nous et notre capacité à nous adapter à celle-ci. La relation est bien ce qui constitue au fond l'essence même du service au client.

Le rapport aux nouvelles technologies relève-t-il seulement de la liberté individuelle ou également d'un système dans lequel se trouve inséré l'individu ?

Dans certaines entreprises, on pose comme règle que l'on doit avoir répondu dans l'heure à un mail. Heureusement, elles sont rares. Pour les mails, comme pour les portables, il faut apprendre à gérer les priorités et le faire comprendre à ses interlocuteurs. Je pense qu'il y a beaucoup plus d'espace pour l'individu que ce que l'on imagine généralement.

Dans certaines entreprises, pourtant, le manager s'autorise à appeler ses collaborateurs à tout moment...

Si j'étais le collaborateur de ce manager, j'éteindrais mon téléphone et je prendrais le risque d'une discussion avec lui. Je ne vois pas ce qui oblige une personne à répondre le soir. Si elle le fait, c'est qu'elle y trouve un bénéfice ou qu'elle a peur. Il faut donc qu'elle apprenne à gérer ces situations. Si j'accepte d'être disponible, je suis très stressé ; si je le refuse, pour préserver ma vie privée, je le suis beaucoup moins !

Alors, on peut estimer que c'est soit de la faute de l'organisation et du management, soit celle de l'individu. En fait, on retrouve toujours cette interaction entre les deux. Il y a des aspects de l'organisation et du management qui doivent être explicités, mais il y a aussi l'espace que l'individu peut se préserver. Il existe des gens qui ne peuvent s'empêcher de répondre au téléphone, quelle que soit la situation dans laquelle ils se trouvent !

Lorsqu'il est avéré que les contraintes constituent une source importante de stress, comment intervenez-vous ?

Tout dépend de la nature des contraintes. Il peut s'agir des conditions de travail, du mode de management, d'un défaut de compétences des collaborateurs... Je n'ai pas de solutions miracles. Nous agissons au cas par cas mais, dans toutes les hypothèses, nous travaillons en collaboration avec les gens.

Prenons l'exemple dont on parle beaucoup à la suite des suicides chez France Télécom, celui de la mobilité. N'est-ce pas une contrainte ?

Soyons clairs : des suicides chez France Télécom, il y en aura toujours. Il suffit pour s'en convaincre de comparer le pourcentage de suicides

> *“L'Internet représente une menace pour ceux qui savent et qui décident. Parce qu'il donne accès au savoir autrement que par le cursus hiérarchique.”*
>
> Jacques Attali, *Libération,* mai 2000

dans l'entreprise et dans la population générale. Il n'est pas plus élevé. Sur la question de la mobilité, je pense qu'il faut prendre le problème à l'envers. Si, en tant que manager, je dis à mes collaborateurs : surtout ne changez rien, ce que vous faites est très bien, je ne leur rends pas service. Dans le monde dans lequel nous vivons, il y a une certitude, c'est qu'un jour ils auront à bouger. On estime, par exemple, que les jeunes arrivant aujourd'hui sur le marché du travail devront changer au moins trois fois de métier. J'ai bien dit métier et non pas emploi... Donc, si vous ne bougez pas, au bout de dix ans, vous êtes vieux, au sens comportemental du terme ; autrement dit, vous n'êtes plus capable de vous adapter et vous êtes mis de côté par votre environnement. Le sujet du stress, c'est aussi celui de notre capacité à demeurer dans la vie. Lorsque je ne peux plus m'adapter, je me marginalise. Un dirigeant d'entreprise doit donc se poser la question : comment faire sortir régulièrement mes collaborateurs de leur zone de confort ? Car personne n'en a envie en fait ! Mais obliger des collaborateurs à le faire est, selon moi, un service qu'on leur rend. Bien sûr, il y a différentes façons d'aborder le problème ; cela concerne évidemment le type de mobilité et les conditions de celle-ci. Il faut également se poser la question du suivi, sinon la sortie de la zone de confort risque d'être très violente. Il faut accompagner les gens d'une façon très régulière pour voir les problèmes qu'ils rencontrent... Et savoir doser l'inconfort ainsi produit.

Peut-il s'agir d'un accompagnement psychologique ?

Je suis très réticent quant à l'introduction de psys dans l'entreprise. Il ne faut pas se tromper : la finalité de l'entreprise est l'efficacité. En revanche, la thérapie concerne le champ de la vie privée, celui du bien-être, du bonheur ou de l'absence de souffrance. Avec elle, nous entrons dans l'intimité de l'individu. Je pense que l'entreprise est déjà très intrusive – et les nouvelles technologies favorisent ce phénomène. Et puis, il n'est pas question de financer la psychothérapie des gens ! Ce serait mettre l'entreprise dans une situation de toute-puissance extrêmement dangereuse. Non, l'entreprise n'est pas toute-puissante, pas plus qu'elle n'est responsable de tout. Nous sommes comptables de nos vies. Par exemple, lorsque nous parlons des suicides chez France Télécom à un Américain, il ne comprend pas. Pour lui, lorsque l'on se sent mal dans une entreprise, on la quitte ! En France, c'est inimaginable. Les gens s'installent dans un système, ils en sont totalement captifs. Ils se mettent dans une situation de dépendance affective par rapport à l'entreprise. Nos parents ont pu également surinvestir ainsi, mais il existait un pacte qui garantissait, en échange, un emploi dans la durée. Ce qui était très paternaliste. Aujourd'hui, les gens investissent dans l'entreprise parce qu'ils ont désinvesti les autres champs affectifs de leur vie. Ils attendent d'elle, en fait, quelque chose se situant dans le registre de l'affect : « Dites-moi que vous m'aimez ! » Dans l'affaire de France Télécom, il y a un phénomène qui s'apparente à du dépit amoureux.

Peut-on conclure ?

Je dirai que je suis optimiste quant à l'utilisation des technologies nouvelles et quant à leur capacité à décloisonner et donc à produire de l'innovation et de la créativité. Mais elles sont libératrices à condition que l'on en ait une utilisation libératrice. Il faut que l'outil soit à mon usage et non pas que je sois à l'usage de l'outil. Celui-ci doit être à ma disposition.

créativité

L'empreinte de l'entreprise

L'entreprise a trois empreintes : économique, sociale et environnementale. Sa performance est étroitement dépendante de l'équilibre entre ces trois empreintes. Elles sont indissociables et l'on ne peut en laisser une seule de côté, même si parfois elles sont contradictoires. Pour cela, les technologies nouvelles sont d'un grand secours. À condition de savoir les maîtriser et de les utiliser comme des outils efficaces. Christian Nibourel, président d'Accenture en France et responsable de la région France, Belgique, Pays-Bas, Luxembourg, montre que le dernier mot reste au management qui doit parvenir à inscrire durablement une empreinte sociale dans l'entreprise.

En tant que président d'Accenture France, comment percevez-vous le rôle des technologies nouvelles ?

Les nouvelles technologies font partie intégrante de la vie d'Accenture puisqu'elles sont au cœur de nos métiers et de notre manière de travailler et de collaborer. Elles constituent un élément important de la compétitivité des entreprises dans un monde multipolaire. Nos études montrent que les sociétés les plus performantes mettent en œuvre des technologies qui leur permettent d'adapter rapidement leurs modèles économiques en fonction de l'évolution de la conjoncture et ainsi prendre une longueur d'avance sur leurs concurrents.

Peut-être pourrions-nous commencer par votre action en direction de vos clients ?

Accenture a été l'une des premières entreprises à se développer autour des nouvelles technologies à partir d'un double questionnement : comment peuvent-elles répondre aux besoins des entreprises et les transformer ? Nous nous sommes donc intéressés très tôt aux systèmes d'information pour optimiser la performance de nos clients.

Pourriez-vous illustrer cette démarche de quelques exemples ?

La combinaison de nos trois métiers (conseil en management, technologies et externalisation) permet à nos clients de renforcer leur efficacité opérationnelle, de lancer plus rapidement de nouveaux produits et services, de mieux gérer leur expansion internationale, de mieux connaître leurs clients et d'innover en conséquence, de mieux gérer leurs coûts également.

La plupart de nos projets reposent sur les nouvelles technologies. Il y a de nombreux exemples dans tous les secteurs d'activité. Prenons le thème de la modernisation de l'État. Nous avons mis en place la télédéclaration des revenus, qui est utilisée aujourd'hui par près de 10 millions de Français. Quels que soient les revenus du contribuable, ou la complexité de sa déclaration, Internet et les nouvelles technologies ont considérablement diminué le temps affecté à cette opération. Du côté de l'administration fiscale, la gestion de cette information est davantage automatisée, simplifiée, d'où une accélération du calcul de l'impôt et un gain de productivité... Cela relève de l'optimisme durable.

Peut-on parler également d'optimisme durable pour l'entreprise ?

Comme nous l'évoquions précédemment, une entreprise se caractérise par trois grandes empreintes.

La plus manifeste est l'empreinte économique. L'entreprise crée des emplois, paie des impôts et des taxes, finance des projets. Elle contribue ainsi au développement économique de son écosystème, qu'il soit local, régional, national, voire international.

Il y a aussi l'empreinte environnementale. Pour Accenture, elle se matérialise notamment par notre empreinte carbone que nous contrôlons en réduisant nos déplacements en avion. De ce point de vue, la technologie nous aide. Le système de visioconférence Téléprésence, qui est installé aujourd'hui dans plus de 50 bureaux Accenture à travers le monde, permet de diminuer de manière importante nos rendez-vous à l'étranger. Il garantit aussi un certain confort à nos collaborateurs, en limitant la fatigue et le temps perdu dans les transports et en préservant leur équilibre vie professionnelle-vie privée.

Enfin, il y a l'empreinte sociale. Une entreprise doit se préoccuper de ses employés lorsqu'ils travaillent pour elle, mais aussi les aider à préparer leur avenir s'ils sont amenés à la quitter. Le problème, par exemple, n'est pas tant de fermer une usine – si c'est nécessaire du point de vue de l'empreinte économique et de la performance de l'entreprise – que de se préoccuper des gens concernés. Le chef d'entreprise doit se soucier de l'employabilité de ses collaborateurs à travers une politique de formation ambitieuse, en phase avec le potentiel économique de son écosystème. Il s'agit d'introduire plus de long terme dans la conduite des entreprises. Si l'écosystème dans lequel l'entreprise évolue se porte bien, l'entreprise se porte bien. En tant que chef d'entreprise, je dois me préoccuper de l'emploi dans ma région, mais aussi de l'amélioration de mon empreinte sociale au travers de politiques volontaristes sur des enjeux aussi variés que le handicap, les seniors, les populations provenant de quartiers difficiles... Je cherche à développer une empreinte positive, non seulement à l'intérieur de mon entreprise – à travers les conditions de travail que j'offre à mes employés par exemple –, mais aussi à l'extérieur, vis-à-vis de mon écosystème...

Il y a également la question du stress au travail ?

Ce sujet doit être traité avec beaucoup d'attention et porté par le plus haut niveau du leadership. Il faut à nouveau être volontariste quant à l'amélioration de cette question. Les nouvelles technologies peuvent contribuer à la mise en place de nouveaux modes de travail. Par exemple, en encourageant et en encadrant la pratique du télétravail, je vais contribuer à diminuer le niveau de stress lié au temps passé dans les transports et favoriser l'équilibre entre la vie personnelle et la vie professionnelle de mes collaborateurs. Nous offrons un choix à nos employés. S'ils souhaitent travailler entre un à trois jours chez eux, nous leur en donnons la possibilité.

Pour revenir aux trois empreintes, la première, économique, va de soi. C'est moins évident pour les deux autres...

L'entreprise doit être profitable. Elle a des actionnaires, elle doit rendre des comptes. C'est son empreinte économique. L'empreinte écologique est moins évidente, mais aujourd'hui la plupart des entreprises se préoccupent de cette question ou commencent à le faire en essayant de réduire leur empreinte carbone. Accenture développe des offres dans ce domaine. Le programme Smart Building, par exemple, consiste à analyser et à optimiser la consommation énergétique d'un bâtiment. Autre exemple, Accenture a accompagné la municipalité d'Amsterdam dans la mise en œuvre de son programme « Amsterdam Smart City » qui prévoit l'utilisation de technologies intelligentes (réseaux électriques intelligents, compteurs intelligents, bâtiments intelligents, véhicules électriques) pour réduire la consommation d'énergie des immeubles commerciaux et résidentiels, des bâtiments et espaces publics, ainsi que dans les transports.

Et concernant l'empreinte sociale...

On nous dit que les patrons ne sont pas capables de s'occuper du social dans l'entreprise. C'est faux. On s'en occupe, mais on ne peut pas le faire n'importe comment. Prenons l'exemple d'Accenture : une entreprise comme la nôtre, dont la moyenne d'âge est de 32 ans, ne compte pas parmi ses effectifs un grand nombre de seniors de plus de 55 ans, c'est structurellement difficile. Notre modèle économique repose sur le recrutement de jeunes que nous formons. Les compétences et l'expérience qu'ils développent chez nous en font d'ailleurs des profils très convoités sur le marché du travail. De ce point de vue, notre empreinte sociale est donc très positive. En revanche, qu'on me sanctionne et qu'on me demande de payer 1 % de ma masse salariale parce que je n'ai pas 6 % de seniors, je ne suis pas d'accord. Il faut avoir une vision globale de l'empreinte sociale de l'entreprise et faire en sorte de confronter cette vision globale au modèle économique de chaque organisation.

Cela signifie-t-il qu'il va falloir définir avec précision ce qu'est cette empreinte sociale et les moyens de la mesurer ?

Je pense que l'on y viendra, comme on a défini l'empreinte carbone ou l'empreinte économique. Mais, en tant que patron d'entreprise, je ne veux pas me laisser enfermer dans des indicateurs qui ne me paraissent pas pertinents. Je me suis engagé à recruter des jeunes dans les banlieues, et je le fais. De ce point de vue, mon empreinte sociale est positive. Mais il faut élargir le propos. N'y a-t-il pas parfois une contradiction entre l'empreinte économique et l'empreinte sociale ? Par exemple, Accenture donne à ses employés la possibilité de faire du mécénat de compétences pour des ONG. Pendant ces missions, non seulement nos volontaires continuent à être payés par Accenture, mais ce travail réalisé à titre humanitaire – qui ne génère pas de revenus pour notre groupe – est pris en compte dans leur évaluation et leur progression de carrière. Une autre solution consisterait à laisser ces collaborateurs prendre un congé sabbatique, ne pas les payer pendant la durée de ce bénévolat et les réintégrer en considérant que, pendant cette période, ils ont mis leur carrière entre parenthèses. Nous ne privilégions pas cette approche car elle ne correspond pas à la conception que nous avons de notre empreinte sociale, même si cette deuxième option est préférable d'un strict point de vue économique.

Mais, lorsqu'une entreprise ferme ses portes, elle laisse souvent derrière elle une situation sociale et économique difficile dans la région. Comment dès lors envisager une empreinte sociale positive ?

Les licenciements sont des drames humains et, à ce titre, il faut que la société y remédie. L'amortisseur social est là pour cela. Mais notre rôle de chef d'entreprise est de faire en sorte que cet amortisseur devienne le dernier recours. Si les gens dont je dois me séparer se retrouvent sans emploi, cela constitue pour moi un échec. Si, en revanche, deux mois après, ils ont retrouvé du travail, je considère que j'ai fait ce que je devais faire. En fait, dire aux gens qu'ils vont travailler pendant vingt-cinq ans dans la même entreprise est une erreur. Lorsque les politiques entretiennent cette idée, qu'ils considèrent qu'une fermeture est inadmissible et proposent des subventions pour maintenir l'activité, c'est négatif. Il est préférable de mieux travailler en amont avec l'entreprise, les représentants du personnel et les responsables locaux afin d'anticiper les évolutions.

Il y a aussi le problème de l'externalisation.

Il faut sortir de la caricature. L'externalisation est un modèle d'organisation qui s'amplifie car il permet d'utiliser les meilleures expertises, la complémentarité des zones géographiques ainsi que d'améliorer la productivité des entreprises. La croissance et parfois la survie des entreprises peuvent en dépendre. Les plus grandes entreprises du monde ont aujourd'hui intégré une composante externalisation dans leur organisation. Résister à cette tendance serait contre-productif et se traduirait par une perte de compétitivité sur la scène internationale. Or, une entreprise qui n'est plus compétitive ne crée plus de valeur, et une entreprise qui ne crée plus de valeur finit toujours par détruire des emplois. L'objectif est de maintenir à la fois l'activité en France et de développer les relations économiques avec les pays émergents, et ainsi contribuer au développement de ces pays. Pour aller encore plus loin : quelle est l'empreinte sociale d'une entreprise qui exporte dans des pays émergents non seulement son organisation, mais aussi un modèle social basé sur l'égalité des chances, la diversité, la performance et l'égalité de traitement ? Aux Philippines, par exemple, Accenture emploie 50 % de femmes qui ont les mêmes salaires que les hommes, et mon homologue a été longtemps une femme.

En fait, selon vous, l'empreinte sociale doit être jugée globalement ?

Une entreprise internationale doit effectivement avoir une empreinte internationale. D'où cette idée de globaliser la question de l'empreinte sociale comme on s'est posé la question de l'empreinte environnementale ou économique. Travailler après la crise, d'une manière différente, consistera à être plus performant sur l'empreinte sociale.

Pour quelles raisons devons-nous désormais lier les trois empreintes ?

L'équilibre des trois empreintes contribue à augmenter la performance globale de l'entreprise. C'est tout sauf de la philanthropie. Par exemple, la diversité sous toutes ses formes nous rend plus performants car elle nous permet d'être à l'image de la société. Chez Accenture, nous travaillons depuis longtemps sur cette question. Nous avons commencé par mettre l'accent sur la diversité des formations en faisant travailler ensemble des collaborateurs issus d'écoles de commerce, d'écoles d'ingénieurs et d'universités. Nous avons ensuite cherché à promouvoir la diversité hommes-femmes, au sein de notre entreprise mais aussi à l'extérieur, *via* le réseau « Accent sur Elles » notamment. La troisième étape de notre recherche de diversité a consisté à aller recruter dans les banlieues et aider de jeunes talents issus des quartiers à suivre des études supérieures et devenir des cadres dirigeants de l'économie de demain. Ces diversités nous apportent une richesse de points de vue, renforcent notre créativité, notre capacité à innover et à élaborer de nouvelles solutions pour nos clients.

Êtes-vous optimiste au bout du compte ?

Oui, parce que les technologies offrent du confort dans tous les domaines. À condition d'être capable de dire, à un moment donné : j'arrête. Qui m'oblige à consulter mon BlackBerry tous les jours, y compris le dimanche ? Personne. Ce qui importe avec les nouvelles technologies, c'est la capacité à mieux organiser son temps afin d'augmenter sa performance. Un collaborateur peut quitter l'entreprise un vendredi à 4 heures pour partir en week-end au ski et travailler dans le TGV... Où est le problème ? La technologie lui apporte du confort... Et je ne lui demande pas d'être connecté le samedi et le dimanche. En revanche, s'il veut le faire, il le peut. Le choix, c'est la flexibilité. La seule vraie question est la responsabilisation des individus quant à leur mission. Personnellement, je suis au bureau à 7 heures du matin, mais je n'oblige personne à en faire autant. Je travaille le dimanche, cela me regarde, mais je m'interdis d'envoyer des mails ce jour-là – c'est de l'empreinte sociale. Envoyer un mail à son collaborateur le samedi ou le dimanche à 22 heures constitue une pression psychologique et contribue à créer du stress, sauf bien sûr s'il y a un problème exceptionnel avec un client...

L'empreinte sociale réside dans la capacité du manager à se préoccuper en permanence de ses employés, non pas pour que ceux-ci soient plus performants à court terme, mais pour qu'ils le soient à long terme, dans un écosystème positif.

C'est donc un problème de management.

Bien sûr, et c'est pour cette raison qu'il faut être très vigilant. Pourquoi parle-t-on de stress au travail aujourd'hui ? Ce n'est pas parce qu'il y a plus de pression dans l'entreprise, mais parce que s'ajoute la pression de la société. Prenons l'exemple de la collaboratrice qui arrive ici après une heure de transport et dont le conjoint vient de perdre son emploi. Si vous empilez la pression de l'entreprise sur celle qu'elle subit par ailleurs, à la longue, elle va craquer. Il faut donc s'efforcer de trouver la mesure et aider les gens. L'empreinte sociale réside dans la capacité du manager à se préoccuper en permanence de ses employés, non pas pour que ceux-ci soient plus performants à court terme, mais pour qu'ils le soient à long terme, dans un écosystème positif – qu'il soit local, régional, national ou mondial. C'est à ce prix que l'entreprise pourra se développer correctement.

écosystème positif

En route vers le futur

Les nouvelles technologies permettent aujourd'hui de modéliser le futur d'un produit. Autrement dit, de savoir ce qu'il va se passer depuis sa conception jusqu'à son recyclage, histoire de choisir aujourd'hui le meilleur chemin menant à demain. Selon Bernard Charlès, ancien élève de l'École normale supérieure, docteur en mécanique et directeur général de Dassault Systèmes, cette extraordinaire possibilité ouvre non seulement des champs inconnus à l'entreprise, mais également à la société tout entière. Elle conduit à une véritable révolution des processus de production.

Dassault Systèmes est par définition une entreprise de haute technologie…

Dassault Systèmes conçoit des logiciels qui permettent de définir et simuler numériquement les produits. Notre pari réside dans l'idée que le monde virtuel permet de faire « bien » du premier coup dans le monde réel. En fait, dès le début des années 1980, nous nous sommes dit : alors que la Terre n'est pas plate, que le monde de l'humain est en trois dimensions, pourquoi tous les enfants de la planète apprennent-ils à dessiner en 2D ? De 1981 à 1990, nous avons donc démontré que l'on pouvait remplacer des dessins sur papier par des dessins en 3D sur un écran. Cela paraît anodin aujourd'hui, mais cela constituait une révolution. La 3D a été dès l'origine au cœur de Dassault Systèmes.

Que s'est-il passé après 1990 ?

Nos clients de l'aéronautique nous disaient : vous parvenez à faire des dessins tellement réalistes en 3D, pourquoi ne réalisez-vous pas la maquette de l'avion complet ? Au début des années 1990, nous avons donc travaillé avec Boeing sur le programme 777. Il s'agit du premier avion au monde – avec ses 3 millions de pièces – qui a été réalisé sans fabriquer de prototype physique. Nous avons été capables de proposer des outils aux 4 000 ingénieurs engagés sur le projet pour qu'ils le conçoivent, le dessinent et vérifient l'assemblage. Avant, on utilisait des collections de plans en papier, ce qui obligeait à réaliser plusieurs maquettes, une globale – que l'on passait dans des tunnels de soufflerie car on ne savait pas simuler les écoulements d'air – et de multiples petites maquettes pour les zones d'aménagement... On a remplacé tout cela par une unique maquette 3D virtuelle. Finalement, le premier 777 avait moins de défauts qu'un 747 assemblé après vingt ans de production ! Les gens de Boeing eux-mêmes étaient époustouflés...

Quel est l'apport de ces technologies ?

La 3D a permis de progresser dans les domaines de la sécurité, de la fiabilité et des coûts. Regardez les formidables progrès réalisés dans le domaine de l'aviation : un homme de 50 ans s'asseyant le soir dans son fauteuil a une probabilité de mourir plus grande que lorsqu'il prend l'avion ! Elle a permis également la mise en œuvre de systèmes plus sophistiqués. Nous sommes désormais dans des problématiques nouvelles : comment faire des moteurs plus silencieux ? Comment fabriquer des avions consommant moins ? Comment utiliser des matériaux nouveaux permettant de maintenir un taux d'humidité suffisant en cabine et d'éviter ainsi la sensation d'air sec ? La mise au point de ces objets complexes ne pourrait pas être réalisée sans ces nouvelles technologies. Par ailleurs, les pays en développement rêvent aujourd'hui d'avoir accès à des produits abordables permettant de rendre des services et d'en finir avec des tâches fastidieuses. Lorsque l'industriel Tata parie sur la Nano – une petite voiture sûre et performante – pour la population indienne rêvant de pouvoir se déplacer, il ouvre le champ d'un progrès social formidable. Cette voiture, conçue avec nos logiciels, constitue un vrai challenge. Il s'agit de concevoir un produit élégant, coûtant 1 500 à 2 000 euros, avec un bon niveau de sécurité et de performance.

Tout cela a été rendu possible par les nouvelles technologies ?
Oui, aujourd'hui, la 3D est utilisée pour l'innovation dans tous les secteurs de l'industrie, non seulement l'aéronautique et l'automobile, mais aussi l'électronique, l'habillement, les biens de grande consommation, l'énergie, la santé, la construction... Par exemple, dans le domaine de l'énergie, la conception des barrages hydroélectriques en Chine – qui sont d'énormes chantiers – est faite avec nos logiciels. Je pourrais également vous parler d'architecture et d'aménagement de la ville propre de demain qui ne sera plus une collection de bâtiments, mais qui prendra en compte les problématiques de flux, de déchets, d'énergie... Pour réaliser ces projets, il est désormais nécessaire de simuler cette ville avant de la réaliser. Mon ami Frank Gehry n'aurait pas pu construire le musée Guggenheim de Bilbao sans nos logiciels. Son problème était de créer des formes qui lui convenaient en étant sûr de pouvoir les fabriquer. Son pari a été de réaliser des architectures innovantes au prix de bâtiments carrés. Ce qui aurait été impossible sans un logiciel.

Quel est l'apport du logiciel précisément ?
Tous les projets sont possibles... Mais, à un moment donné, vous devez penser la fiabilité de l'ensemble avant de prendre la décision

Il faut s’éloigner
du mythe de Sisyphe
d’une société qui perd
la mémoire des choses
qu’elle maîtrisait.

de les réaliser ou pas. Le projet peut se révéler trop compliqué, trop risqué ou trop cher. Notre logiciel apporte la maîtrise de l'ensemble coût, réalisation, sécurité, qualité, avant d'engager les dépenses d'énergies et de matériaux. Nous concevons le film et l'orchestration de l'ensemble. Par exemple, avant de construire un barrage, les Chinois utilisent un petit avion pour numériser en 3D la vallée, ils estiment, avec nos logiciels, le positionnement idéal de l'ouvrage, ils calculent l'ensemble des volumes nécessaires de béton, les cheminements des bulldozers afin de minimiser leurs déplacements... Ils réalisent ensuite l'ensemble des calculs pour garantir l'efficacité et la sécurité de l'ensemble, en appliquant les techniques que nous utilisons dans l'aéronautique.

Jusqu'en 2000, vous vous êtes donc mobilisés sur le maquettage virtuel, et ensuite ?

En 2000, nous nous sommes penchés sur ce que j'appelle « le film ». Une fois la maquette du produit final réalisée, vous devez organiser votre entreprise pour mettre au point l'objet que vous souhaitez fabriquer. En 2000, nous avons annoncé que, dans les dix prochaines années, nous serions capables d'offrir des outils permettant de construire « la vie future » de cet objet avant qu'il existe : comment il sera fabriqué, comment il sera vendu... En d'autres termes, nous pourrions écrire son cheminement depuis l'expression du besoin jusqu'au produit final. Nous avons appelé cela Product Lifecycle Management (PLM).

produit final

Pourquoi vous êtes-vous lancés dans cette idée ?

Cette idée s'inscrivait dans la suite logique de ce que nous avions fait avec la maquette virtuelle qui est un excellent moyen de communication sur un projet car elle peut facilement être partagée entre des équipes localisées dans le monde entier. Dassault Systèmes a estimé qu'il fallait se servir de la 3D pour aller plus loin et concevoir le film de la création du produit de A jusqu'à Z, en impliquant des équipes dans de nouveaux domaines variés tels que le marketing, l'ingénierie, la production... Nous l'avons fait et nous avons considérablement agrandi notre marché.

Ce film intègre donc l'ensemble du processus, y compris l'organisation du travail jusqu'au poste de travail ?

Oui. Sur la ligne d'assemblage d'un constructeur automobile, par exemple, il est possible d'évaluer la fatigue d'un opérateur dans la journée, ou de voir si telle ou telle tâche n'est pas compatible avec la morphologie de celui-ci. Si vous ne vérifiez pas cela virtuellement, au moment de passer en production, des défaillances apparaissent et peuvent générer du gaspillage.

Mais est-il possible de tout prévoir ? Le réel ne se fâche-t-il pas parfois ?

Oui, c'est vrai, le réel se fâche. Mais l'être humain a soif d'apprendre, et il le fait dans la confrontation avec le réel, pas seulement avec la théorie. Simplement, il est possible d'éviter de répéter les erreurs que nous avions déjà commises et capitaliser sur nos savoirs et savoir-faire. Il faut s'éloigner du mythe de Sisyphe d'une société qui perd la mémoire des choses qu'elle maîtrisait.

Alors concrètement, que proposez-vous à vos clients ?

Je vais vous donner un exemple. Nous sommes le leader mondial dans le domaine de l'habillement. L'habillement est une industrie mondialisée avec des fonctions réparties sur l'ensemble de la planète. Vous achetez votre matière première quelque part, vous faites un découpage ailleurs, vos composants, fermetures Éclair, boutons, viennent d'autres pays... Il y a également des problématiques de morphologie selon les marchés. Au fond, c'est un film qu'il faut orchestrer avec un scénario permettant de présenter la collection en temps et en heure. Petit à petit, avec la mise au point du PLM, nous avons découvert que

> *Aujourd'hui on peut faire de la musique avec des ordinateurs, mais l'ordinateur a toujours existé dans la tête des compositeurs.*"
>
> Milan Kundera, *L'Art du roman*

nous étions capables de faire une plate-forme de collaboration permettant à des individus dans des lieux différents de coordonner leurs travaux autour de l'objet. Beaucoup d'entreprises ont tenté de partir de l'organisation. Nous pensons qu'il faut se centrer sur le produit, et que l'organisation doit en découler car la vraie passion des entreprises, c'est leur produit.

Qu'est-ce que change le fait de passer de l'organisation à l'objet ?

Cette conception change tout ! Dans le domaine de l'habillement, on planifie à l'envers, à partir de la date de présentation de la collection, mais avec déjà de grandes idées sur ce que sera celle-ci, sur le type de matières, sur le style... Dès lors se pose la question : comment créer un environnement permettant à tous les collaborateurs, contribuant à la collection d'une manière ou d'une autre, de disposer de toutes ces informations au fur et à mesure qu'elles apparaissent ? Le logiciel permet de voir à tout instant où en est tout le monde et comment avance l'ouvrage. Les choses peuvent s'organiser collectivement, d'une façon dynamique. L'objet, même s'il n'est pas définitivement formulé, devient la force d'entraînement de l'organisation de l'entreprise. Nous sommes dans un processus d'innovation permanente et non pas dans la copie. Dans cette logique de progrès, le virtuel permet aux gens de se projeter plus facilement dans le futur, dans le résultat final.

On a pensé

la vie du produit,

maintenant on va

concevoir le produit

dans la vie.

Comment qualifieriez-vous les changements qui s'annoncent ?

Je pourrais les résumer d'une formule : on a pensé la vie du produit, maintenant on va concevoir le produit dans la vie. Il s'agit désormais de penser celui-ci dans ses usages, dans ses effets sur la planète et sur l'homme, et d'inverser la problématique. On ne se contente plus de fabriquer et de vendre un produit, mais on se pose de nouvelles questions : comment va-t-il être utilisé ? Que va-t-il devenir ? Où sera-t-il jeté ? Mais, aussi, combien a-t-il coûté en énergie, en matériaux ? Il faudra savoir faire un bilan global de la vie de l'objet dans son usage. Nous devons nous dire que nous avons créé quelque chose et que cela a nécessairement un effet sur le monde.

Cela signifie-t-il que la valeur d'usage et le devenir de l'objet seront intégrés dès la conception de celui-ci ?

Effectivement. Et du coup, l'on ne pensera pas les objets de la même manière. On va remettre en cause la marchandise et replacer l'homme au centre de la valeur – au sens de son apport à l'humain – de l'objet. Je pense que cela aura un impact sur la société elle-même.

Cela va donc au-delà de la simple production d'objets ?

Je pense que cette approche peut avoir de nombreuses implications sur la société. En particulier dans le domaine de l'éducation. L'être humain doit expérimenter, et la force abstractive de l'esprit ne vient que par une référence à la vie. C'est de cette façon que l'enfant trouve ses points de repère sociaux. Ce processus dure toute la vie et il se situe au cœur de l'apprentissage. Alors, imaginez qu'au lieu d'avoir ces laboratoires de chimie qui ne sont plus au goût du jour, nous soyons capables de créer des laboratoires virtuels et réalistes. Nous serons alors capables d'inventer pour nos enfants de nouveaux cursus de formation passionnants et sans frontière en matière d'abstraction.

Mais le virtuel n'empêche-t-il pas l'abstraction ?

Non, mais il permet un meilleur accès à la compréhension puisqu'il montre le phénomène. Par exemple, vous tentez d'expliquer à un enfant les relations moléculaires. Que voyez-vous dans les livres sur ce sujet ? Beaucoup de textes et une ou deux illustrations avec des petites billes. À l'écran, ces petites billes bougent et montrent concrètement à l'enfant ce que sont les relations atomiques. Je rêve que les professeurs puissent créer ces contenus virtuels – en être les auteurs – dans tous les domaines de la connaissance et des métiers. Ils pourraient ensuite les rendre disponibles pour l'ensemble du système éducatif. Notre projet actuel est d'inventer des environnements qui permettront à la société de pouvoir imaginer demain, partager des idées, apprendre et se souvenir. Voilà le prochain voyage.

Comment cela va-t-il se mettre en place concrètement ?

Nous allons offrir une plate-forme gratuite qui permettra, par exemple à un professeur, de construire ses cursus d'expérience, de manière amusante, réaliste et compréhensible. Je vais vous raconter une anecdote. J'ai récemment emmené mes enfants au Clos Lucé, musée dans lequel se trouvent tous les prototypes de Léonard de Vinci . Je me suis aperçu rapidement que mes enfants se lassaient de la visite. Pourquoi ? Pour une seule raison : ils ne pouvaient rien toucher. Je me suis alors dit que l'on pourrait faire des maquettes virtuelles des prototypes de De Vinci que les enfants pourraient toucher à l'écran, en jouant. Ils pourraient dès lors les faire fonctionner, récupérer des idées, inventer autre chose...

Mais n'avez-vous pas peur que ces enfants ne vivent plus finalement que dans le virtuel ?

On pourrait se poser la même question pour la littérature, et cette virtualité-là ne nous effraie pas. Lorsque je lis un livre, ai-je peur de rester dans le rêve qu'il a suscité en moi ? Dans la littérature, on trouve cet espace de projection, de rêve, de situations que l'on veut vivre ou non. C'est ce qui nous modèle et fait s'épanouir notre pensée. Y a-t-il aujourd'hui quelqu'un pour contester l'importance de la littérature pour la société ? Non, bien entendu. C'est la même chose pour le monde virtuel. Il s'agit d'un formidable espace pour imaginer. La part de l'imagination et du rêve est essentielle. Aujourd'hui, on a tendance à l'oublier. Évidemment, il y a des dangers, mais je suis sûr que la société trouvera les moyens de les affronter et d'y faire face.

Tout cela devrait donc nous amener à des changements sociétaux très importants ?

La puissance du monde virtuel réside dans sa capacité à anticiper aujourd'hui le monde de demain, de manière à déterminer s'il correspond à nos désirs… Chacun va pouvoir le faire. Aujourd'hui, par exemple, la prise de conscience de la réalité des problèmes environnementaux constitue une chance formidable. Elle va permettre d'envisager l'évolution du monde autrement que comme la prolongation du passé. En d'autres termes, de provoquer des ruptures. Il s'agit de quelque chose de positif. Pourquoi ? Parce que bientôt 9 milliards de personnes sur cette Terre auront envie d'apprendre et de faire des choses nouvelles. Il faut bien que l'être humain puisse agrandir son territoire – et je ne parle pas de géographie –, c'est là sa plus grande espérance. Tenter d'imaginer demain autrement est donc excitant, à condition que cela concerne tout le monde.

Mais l'environnement est de plus en plus contraint en termes de ressources…

Nous avons des ressources, mais nous les gaspillons car le futur n'est pas abordé dans une logique optimale. En fait, pour créer quelque chose de nouveau, on utilise 100 fois ce qu'on crée comme valeur… On ne crée donc pas de la valeur, on en détruit ! Il va désormais falloir en créer… Le vrai défi consiste à imaginer que d'autres points de vue sont possibles. Mais le problème de l'être humain réside dans son incapacité à remettre en cause ce qu'il connaît tant qu'on ne lui a pas donné la possibilité d'imaginer un autre monde.

Cette vision ne se heurte-t-elle pas à d'autres problèmes : appauvrissement, inégalités… ?

Je pense que l'issue se trouve encore une fois dans l'éducation. Une société change complètement de comportement en fonction de son degré de savoir. Aujourd'hui, les technologies ouvrent de nouvelles portes pour apprendre, découvrir et échanger, ce qui constitue un formidable progrès. Nous sommes dans un moment particulier : la mémoire de la société est accessible à un plus grand nombre de gens. Dans la progression d'un être humain, il y a toujours cet effort qui consiste à passer d'une étape de compréhension A à une étape de compréhension B. Or, il existe de plus en plus de médias pour simplifier ce passage. La numérisation et les échanges qui en découlent permettent de rendre plus abordables un certain nombre de grands sujets. Encore faut-il en créer l'envie. Cette question relève des choix politiques d'une société. L'envie me semble déterminante aujourd'hui. Elle permet de révéler les conséquences positives de tout ce que nous développons aujourd'hui dans le domaine des technologies de communication, d'échanges, de facilité d'accès à l'information. Nous sommes, de ce point de vue, dans un moment charnière.

Santé :

une révolution à maturité ?

Pour le médecin comme pour le philosophe, la médecine n'est pas une science mais un art car son objet – son projet –, c'est l'Homme. Pour autant, l'acte de soigner requiert de recourir à une multiplicité de sciences et de techniques dont l'évolution continue, au fil du temps, a permis de gagner en efficacité. À ce titre, je suis heureux que les TIC fassent désormais partie intégrante de l'arsenal thérapeutique. De la gestion partagée du dossier médical jusqu'aux recherches sur les nanotechnologies en passant par le déploiement de solutions de télémédecine, les TIC permettent de nouvelles pratiques, tant du point de vue de l'acte de soin que de la gestion de la santé. Avec une ambition : replacer le patient au cœur de la pratique médicale. Et un objectif : développer une médecine de plus en plus personnalisée. Car, contrairement aux autres avancées technologiques, la contribution des TIC aux enjeux de santé ne s'applique pas seulement à un geste médical en propre mais bouscule tous les champs de la problématique de la santé.

De fait, les TIC mettent entre les mains des praticiens des outils de haute précision pour assurer leur diagnostic et leur geste. Mais quand, grâce à la télémédecine par exemple, il devient possible de mettre le diagnostic et le soin le plus expert là où ils ne sont pas aujourd'hui, n'est-il pas temps d'envisager différemment l'économie de la santé, en termes d'aménagement du territoire notamment ?

Télémédecine, une utopie à maturité

Pour son film futuriste *Chrysalis*, réalisé en 2007, le réalisateur Julien Leclercq a imaginé un bloc opératoire parisien en 2025 : le chirurgien opère à distance, les instruments et le patient sont virtuels. Ce scénario n'est plus totalement de la science-fiction : la première opération de téléchirurgie a été réalisée en 2001 entre un chirurgien à New York et un patient à Strasbourg. Aujourd'hui, les technologies existent, les solutions aussi, mais de quoi parle-t-on : d'une nouvelle médecine, de nouveaux métiers, de nouvelles pratiques ?

Pierre Espinoza, médecin interniste, gastro-entérologue et urgentiste, coordonne actuellement la recherche sur l'utilisation de la télémédecine aux urgences et en gériatrie à l'Hôpital Européen Georges-Pompidou. Il revient sur la réalité des perspectives ouvertes par la télésanté.

Vous êtes en charge, à l'hôpital Georges-Pompidou à Paris, d'un projet de télémédecine. En quoi consiste-t-il ?

La télémédecine, c'est l'utilisation des technologies de l'information et de la communication (TIC) très directement pour le soin des patients. Dans notre projet Télégéria, nous avons réalisé plus de 600 consultations à distance pour éviter de déplacer des patients fragiles. Sous ce terme de télémédecine, on peut mettre beaucoup de choses : la transmission de fichiers de glycémie, de surveillance de tension... Nous devons distinguer la télémédecine de la télésanté. La télésanté consiste à utiliser de manière plus large et très diverse les TIC dans le monde de la santé puisque l'on peut imaginer, par exemple, des consultations médicales sur Internet. Les patients, aujourd'hui, recherchent très fréquemment des informations sur Internet avant d'aller voir leur médecin. Quel peut être le rôle, mais aussi les limites, dans le partage de ces connaissances médicales dans la culture sociale française mais aussi au niveau mondial ? Cela dit, un système de santé a besoin d'être structuré, d'entrer dans un cadre formalisé car la santé représente de 8 à 12 % du PIB, génère de l'argent, des emplois, du personnel, de l'énergie, des transports en véhicules, des médicaments... Nous constatons ainsi que la santé, directement ou indirectement, produit une activité économique pour soigner des malades. La télémédecine concerne donc tout un ensemble médico-économique. La vraie question, dans ce contexte global, est donc d'avoir de bonnes définitions.

Alors, existent-elles pour la télémédecine ?

Depuis quelques années, en France, les définitions se font plus précises. Dans un rapport de 2008, Pierre Simon et Dominique Acker, conseillers généraux des établissements de santé, définissent la télémédecine comme étant de la téléconsultation, de la téléexpertise, de la télésurveillance et de la téléassistance. Cette définition a l'avantage d'être claire et de préciser un contenu. D'une certaine façon, les acteurs dans les institutions se positionnent dans ce cadre. De son côté, le conseil de l'ordre des médecins a publié des recommandations pour la pratique de la télémédecine en janvier 2009. En octobre de la même année, un rapport du député Pierre Lasbordes a proposé quinze mesures pour faire émerger la télésanté, considérée comme un dispositif porteur d'avenir sous une gouvernance forte, indispensable pour faire bouger les lignes.

Tout cela est très récent finalement...

Nous sommes aujourd'hui à l'aube d'un déploiement de la télémédecine, de la télésanté en général. Pour mieux comprendre cette évolution, il faut revenir au contexte actuel. Depuis une trentaine d'années, dans tous les pays développés, nous constatons un développement extraordinaire des technologies et des pratiques. Les progrès ont été considérables en cancérologie, en cardiologie, en chirurgie cardiaque, et dans tous les soins d'intervention. On n'opère plus les malades comme jadis : on emploie fréquemment des moyens périphériques, on sait dilater une artère coronaire, traiter un anévrisme artériel au niveau du cerveau... En fait, les pays qui n'ont pas investi, comme les Anglais, par exemple, dont le secteur de la santé représentait dans les années 2000 moins de 8 % du PIB, le regrettent aujourd'hui. Ils n'avaient pas créé à cette époque tous les services d'orthopédie pour poser couramment des prothèses de hanche ou les services de cardiologie interventionnelle qui dilatent les artères coronaires en cas d'infarctus du myocarde. Il n'y a pas si longtemps, il valait mieux ne pas être victime d'un infarctus à 50 kilomètres de Londres. En pratique, si les investissements ne sont pas à la hauteur des enjeux, non seulement vous ne disposez pas des moyens techniques, mais les équipes n'acquièrent pas la pratique nécessaire.

La France a-t-elle investi suffisamment dans ce domaine ?

La France a beaucoup investi dans toutes les spécialités, parfois un peu trop ici, pas assez ailleurs : c'est tout le problème de la répartition. Nous avons donc suivi ce mouvement d'hyperspécialisation. Et quand un nouveau traitement pour le sida ou une nouvelle chimiothérapie arrivent, la population accède à ces traitements. Ce développement des technologies médicales est source de progrès, mais avec la nécessité

"

Le cas de la télésanté nous fait toucher du doigt la complexité du processus de la révolution numérique qui exige un ensemble de solutions technologiques performantes, une innovation de service qui va mobiliser un champ très large de compétences et une modification significative du modèle économique. La télésanté est-elle une exception ou s'agit-il du véritable poisson pilote de la révolution numérique ?"

InnovaNews, blog de l'innovation et des technologies,
Cité des sciences et de l'industrie, 9 mars 2009

de structurer cette activité et de concentrer les savoirs et les pratiques. Nous sommes, en effet, confrontés à l'augmentation du coût de la santé et à l'évolution très préoccupante de la démographie médicale. La France a fabriqué beaucoup de spécialistes, et les Français s'y sont habitués ! Et puis, brutalement, on a estimé que cela coûtait trop cher, et les robinets ont été fermés. Du point de vue de la démographie médicale, nous nous trouvons dans une situation extrêmement difficile. Des générations de spécialistes vont partir en retraite sans être remplacées. Il faut douze à quinze ans pour former un spécialiste. À cela vient s'ajouter une répartition démographique déséquilibrée ; il y a plus de médecins en PACA que dans le nord de la France... De plus, la désaffection politique à l'égard des médecins soupçonnés d'être responsables des dépenses de santé, relayée médiatiquement et socialement, a des incidences catastrophiques sur notre tissu sanitaire. Le plombier est mieux payé que le médecin par rapport à une charge de travail et une responsabilité non comparables. Enfin, la question du vieillissement de la population se pose de manière cruciale. La prise en charge de nos aînés constitue l'un des grands enjeux sanitaires des quinze prochaines années car le vieillissement induit un accroissement des pathologies chroniques.

L'une des réponses à ces défis résiderait-elle donc dans la télémédecine ?

Les réponses sont multiples, dont la délégation des tâches mais aussi la télémédecine. C'est un axe de développement de l'aménagement du territoire qui peut jouer un rôle clé dans la restructuration du paysage sanitaire et social français. Nous serons conduits à implanter la télémédecine si nous faisons preuve de maturité sociale, politique et technologique. Au-delà des recommandations de l'ordre des médecins concernant la télémédecine, il faut également évoquer la loi « Hôpital, patients, santé, territoires » (HPST), dont la télémédecine avait été au départ exclue, mais qui désormais en fait partie. Il y a, semble-t-il, une concordance de points de vue politiques et administratifs pour considérer que l'on se trouve au pied du mur. Aujourd'hui, on peut fournir de vraies réponses technologiques répondant aux besoins médicaux de la population. Nous avons encore un peu de temps pour nous engager plus à fond dans la télémédecine car le problème de la démographie médicale ne se pose pas encore de manière critique. Mais il ne faut plus tarder. Les cinq prochaines années doivent être consacrées non plus à élaborer des projets, mais à mettre en œuvre des réalisations concrètes. En d'autres termes, nous devons, au-delà des expérimentations, réaliser des déploiements opérationnels afin de parvenir à une réelle efficacité sur nos territoires de santé à proximité des lieux de vie des populations isolées. La gouvernance sera-t-elle à la hauteur des enjeux ?

Concrètement, comment la télémédecine peut-elle être une réponse aux défis que vous venez de soulever ?

La télémédecine apporte de vraies solutions concrètes. Prenons l'exemple d'un hôpital dans le Nord, qui était pratiquement en cessation de paiement. Il avait l'habitude de faire déplacer des médecins spécialistes. Était-ce bien raisonnable ? La réponse est évidemment non. Si on ne déplace plus les médecins faute d'une démographie critique, peut-on déplacer les patients ? La réponse est aussi négative. Mais, en cas de besoin, comment peut-on obtenir des consultations spécialisées à distance d'une manière fiable et simple ? Autrement dit, peut-on garantir un accès équitable aux soins ? La réponse réside dans la télémédecine. Nous avons mené une expérimentation en collaboration avec l'hôpital Vaugirard à Paris distant de 3 kilomètres de l'hôpital européen Georges-Pompidou. Depuis six mois, nous avons, dans chaque établissement, une station et nous avons pu assurer plus de 300 consultations, d'orthopédie, de dermatologie... L'accès aux avis spécialisés à distance est possible. De l'expérimentation, nous sommes organisés, maintenant, en routine. Cette plate-forme pourrait être utilisée pour des EHPAD (établissements d'hébergement pour personnes âgées dépendantes) ou pour des hôpitaux de proximité isolés.

Mais la consultation à travers un écran ne comporte-t-elle pas des limites ? Sans toucher le patient, peut-on pratiquer un examen complet ?

C'est une nouvelle pratique qui conduit les spécialistes et les médecins à côté du patient à s'organiser différemment. La technologie s'adapte également. Par exemple, on s'est rendu compte qu'en neurologie, on a besoin d'avoir des mouvements parfaitement fluides, et donc 25 images par seconde en ADSL. De son côté, la dermatologie nécessite une excellente qualité, avec 10 ou 12 millions de pixels. La haute définition résout tous ces aspects. Au cours des cinq dernières années, j'ai donc essayé de comprendre quel était l'impact technologique des besoins médicaux, et il était indispensable qu'infirmières et spécialistes donnent leur avis. Par exemple,

“

La télémédecine en Afrique

Au-delà des usages individuels du Web, Internet peut avoir des applications très concrètes sur les conditions de vie des habitants, notamment ceux des villages de brousse. La télémédecine en est l'une des illustrations les plus intéressantes, dans un pays où la situation sanitaire reste précaire pour beaucoup de Maliens.

Lancé en 2003 par une équipe de professionnels médicaux, le projet Ikon est né d'un constat simple : s'il existe bien évidemment au Mali des radiologues qualifiés, l'écrasante majorité d'entre eux exerce à Bamako. Résultats, pour des cas complexes, des radios du thorax par exemple, les hôpitaux régionaux n'ont pas les compétences nécessaires pour poser des diagnostics précis et fiables.

Avant le projet Ikon, un patient dont le problème ne pouvait pas être résolu en province devait impérativement se rendre à Bamako. La plupart des patients préféraient retourner dans leur village et avoir recours à la médecine traditionnelle des marabouts. À Bamako, à 600 kilomètres, le docteur Touré reçoit la radioscopie sur son ordinateur. En spécialiste, il examine alors à distance le dossier du patient. Il rédige alors un diagnostic précis, qu'il envoie au médecin.”

Africascopie, blog participatif entre Bamako et Dakar

si un pneumologue ne dispose pas de la radio du thorax, il ne peut prendre de décisions concrètes. Si vous lui apportez les informations par des outils avec une transmission à distance, il pourra, par exemple, repérer que le malade manque d'oxygène dans le sang ou qu'il présente des difficultés pour respirer. Le pneumologue, grâce à ces aménagements technologiques, va pouvoir exercer son art. Lorsque l'on fait de la télémédecine, on met en œuvre une stratégie qui s'adapte aux patients. Mais les médecins ont toujours fait cela ! Par exemple, dans le cas d'une hernie, vous allez prescrire trois mois d'arrêt de travail à un salarié du bâtiment et une ou deux semaines à une personne travaillant dans un bureau et n'ayant rien à soulever. Avec la télémédecine, nous sommes dans de nouvelles pratiques professionnelles, une nouvelle organisation, de nouveaux métiers, un impact médico-économique différent, mais les décisions pratiques doivent être cohérentes, conformes aux recommandations de bonnes pratiques de soins.

Pourriez-vous nous donner un exemple de nouvelle pratique professionnelle ?

Prenons l'exemple d'un orthopédiste qui reçoit un malade opéré d'une fracture du col du fémur quelques semaines auparavant. Il veut savoir si ce patient peut se mettre debout, marcher et débuter sa rééducation. Il consulte la radio sur la station, la commente au patient, et lorsqu'il a besoin d'examiner celui-ci, il le fait sur l'écran. Lorsqu'il veut savoir si la hanche a une mobilité normale, il demande à l'aide-soignant ou, mieux, au kinésithérapeute qui est aux côtés du malade de lui faire exécuter des mouvements. Il peut, dès lors, prendre les décisions adaptées au cas clinique à distance. Ce patient n'a pas besoin d'être transporté en ambulance à l'hôpital régional pour une consultation d'orthopédie. En dermatologie, nous avons réalisé 50 consultations, seuls 4 patients ont eu besoin d'une biopsie. Ce qui

« Le choc technologique initial » s'efface très rapidement parce qu'il permet un échange de savoirs et un accès à des soins que l'on ne pourrait pas dispenser autrement.

signifie que nous avons évité à 46 personnes d'avoir à se déplacer. En fait, nous avons changé l'organisation. D'un côté, nous diminuons les coûts de transport en ambulance, de l'autre, nous réalisons du soin de proximité avec des avis spécialisés, mais dans un cadre précis, avec une amélioration significative de la qualité des soins. Bien sûr, si un patient souffre d'une fracture du col du fémur, il va falloir qu'il soit transporté pour l'intervention mais, dans ce contexte, l'admission peut être prononcée directement en orthopédie plutôt que de passer par les urgences...

Pourquoi parlez-vous de nouvelles pratiques dans ce cas ?

Je parle de nouvelles pratiques car le médecin et le patient se trouvent dans le virtuel. La médiation par l'écran n'est pas tout à fait la réalité, mais s'en approche. Les études réalisées par l'INSERM[1] ou l'IFRIS[2], au cours de notre expérimentation pilote, indiquent que nous sommes dans de nouvelles relations médiatisées par un écran que l'on finit d'ailleurs par oublier. « Le choc technologique initial » s'efface très rapidement parce qu'il permet un échange de savoirs et un accès à des soins. Ces quelques difficultés ne sont pas comparables à l'inconfort du transport en ambulance d'un malade souffrant et fragile. En fait, tout le monde intègre d'emblée une relation tripartite médiatisée par l'écran : un patient, quelqu'un à ses côtés et un spécialiste. L'aide-soignant de télémédecine qui se trouve aux côtés du malade connaît certains patients depuis des années. Si l'un d'entre eux est anxieux, elle va lui expliquer, elle va lui tenir la main ou lui parler à l'oreille s'il est un peu sourd, elle va l'écouter, elle va lui transmettre les informations données par le spécialiste... Il est vrai que l'écran, surtout au début, modifie la pratique, mais les bénéfices sont beaucoup plus importants que les inconvénients.

1 Institut national de la santé et de la recherche médicale.
2 Institut francilien « Recherche, innovation et société ».

“

Médecins et patients ont de plus en plus recours aux nouvelles technologies

61 % des médecins interrogés dans le cadre de cette enquête confient par ailleurs utiliser l'outil Internet pour "alléger leurs tâches administratives" en 2008, contre 56 % en 2007. Cette enquête permet également de saisir les perceptions des nouvelles technologies en matière de santé. Ainsi, 76 % des médecins et 85 % du grand public pensent que les nouvelles technologies vont devenir "essentielles" dans le domaine de l'hospitalisation à domicile.

Et la tendance est vouée à s'accentuer. "Encore circonscrit à la recherche d'informations d'ordre pratique ou médical, l'usage d'Internet par le grand public et les médecins est amené à s'élargir dans les prochaines années à de nouvelles fonctionnalités, telles que la consultation en ligne du bilan de santé ou la simplification des phases de prise de rendez-vous et de suivi du patient", indique le communiqué de l'enquête.”

Cette étude a été réalisée en 2008 pour le compte d'Orange, acteur dans le domaine de l'« e-santé » à travers sa branche Orange Healthcare.

Comment ça marche, 2008

Justement, dans une telle configuration, qu'en est-il du « colloque singulier », c'est-à-dire le fait de prendre en compte l'ensemble des problématiques d'un patient singulier, y compris psychologiques ?

Le colloque singulier entre un médecin et son patient n'est pas effacé par la médiation technologique. On ne peut oublier le caractère individuel du colloque singulier. Vous savez comme moi qu'il y a des médecins qui communiquent bien et d'autres, non. Nous l'observons également ici en télémédecine. Il s'agit souvent d'un colloque singulier enrichi. Lorsqu'un patient est envoyé chez un spécialiste par son médecin de famille, il va généralement seul à la consultation. Le spécialiste est face au patient qui n'a personne autour de lui. En télémédecine, le colloque singulier existe parce qu'il y a d'un côté le patient et la personne qui l'accompagne – qui restent dans leur cadre –, de l'autre un spécialiste. D'une certaine manière, le colloque singulier s'enrichit par la qualité de la médiation organisée en télémédecine. En fait, le médecin ou soignant qui est habituellement rigide dans sa pratique l'est également derrière l'écran, cela n'est pas lié à la médiation technologique. Dans un premier temps, il peut même l'être plus parce que l'écran va le paralyser, mais *in fine*, il s'agit d'une question de formation, d'habitude et d'accoutumance à l'outil. Est-ce que l'on se pose la question de savoir si l'on s'est accoutumé au téléphone portable qui permet d'appeler le SAMU en cas d'accident dans la rue ? C'est la même chose, à cette différence que la télémédecine est beaucoup plus riche. Avec la vidéo, tout change : je ne crois que ce que je vois !

On peut donc écarter le risque d'une modification négative de la pratique médicale ?

Il existe tout de même des principes : on vérifie que le patient est informé, qu'il est consentant... Nous ne faisons pas, de ce point de vue, une médecine différente de la médecine traditionnelle. Les risques existent si l'un des acteurs déroge aux règles, si le réseau n'est pas sécurisé, si le matériel tombe en panne, si un patient ne veut pas prendre son traitement... Les déviances comportementales des patients ou des médecins dans la vie réelle ou dans le virtuel de la télémédecine sont toujours les mêmes. Il faut, dès lors, être rigoureux, appliquer les bonnes pratiques professionnelles et mettre en œuvre les bons usages. Bien sûr, en télémédecine, il existe des règles supplémentaires : on veille à la confidentialité, au respect du droit à l'image des patients ; on reconnaît les limites de ce que l'on peut faire avec cette technologie ; on ne fait pas de la télémédecine pour en faire – autrement dit, on ne fait pas joujou avec elle –, mais on l'utilise à bon escient, lorsque cela s'impose... Cela suppose un respect d'une « charte éthique ». C'est fondamental.

Pour terminer, quelles sont les perspectives qu'ouvre cette nouvelle pratique ?

Les progrès technologiques répondent aux besoins de santé et permettent un accès équitable aux soins, à condition qu'ils soient maîtrisés dans leur déploiement. On ne va pas, par exemple, installer une station très coûteuse dans une maison de retraite de 50 places où il y a peu de malades dépendants ; il faudra tenir compte de cette dimension et mettre au point des outils légers. La question de l'accès équitable aux soins est une question sociale, économique et politique. Il faut que le politique s'engage, non pas pour des intérêts corporatistes, mais pour un aménagement du territoire raisonné, maîtrisé, coordonné. Ces technologies doivent être mutualisées dans le cadre d'autres actions sociales – par la construction d'immeubles intelligents par exemple – qui utilisent des réseaux pouvant être sécurisés pour la partie santé et ouverts pour le reste. Je ne vois pas pourquoi on ne mutualiserait pas... Je terminerai par l'exemple d'un petit hôpital dans la région parisienne qui est en difficulté budgétaire. Il s'agit d'une situation de crise qui dure depuis longtemps et qui s'aggrave. On envisage d'y installer la télémédecine en 2010. L'hôpital deviendra alors un hôpital de proximité avec un petit service médical, où l'on va pouvoir accéder à distance aux savoirs d'experts. Cet hôpital ne va donc pas fermer ses portes. Ce qui nous conduit à une question pratique : doit-on fermer des hôpitaux ? La réponse est non : il ne faut pas fermer les hôpitaux mais les structurer autrement, respecter le maillage des territoires de proximité, veiller à un accès équitable aux soins des populations isolées qu'elles soient à la campagne, dans des petites villes, au domicile ou en prison. On retrouve la question fondamentale de l'aménagement du territoire.

experts

Une médecine sur mesure

Dès demain, grâce aux nanotechnologies, on va pouvoir mesurer en permanence le taux de glucose dans le sang d'un diabétique, lui administrer la bonne dose d'insuline et communiquer ces informations en temps réel à son médecin traitant. On va pouvoir également détecter et détruire une cellule cancéreuse invisible au scanner. Jean Chabbal, directeur du Département des microtechnologies pour la biologie et la santé (CEA-Leti)[1], nous montre que, au-delà de la prouesse technique, c'est bien à la naissance d'une médecine personnalisée à laquelle on assiste.

Pourriez-vous tout d'abord nous dire ce que sont ces fameuses nanotechnologies ?

Avec les nanotechnologies, nous intervenons à l'échelle du nanomètre, c'est-à-dire un milliardième de mètre. Il y a deux façons de les aborder. La première concerne la miniaturisation. On fabrique, avec des moyens de plus en plus sophistiqués, des objets de plus en plus petits, des transistors par exemple : aujourd'hui, on doit en être industriellement à 22 nanomètres. L'objectif est de mettre le maximum de composants

1 Commissariat à l'énergie atomique - Laboratoire d'électronique et de technologies de l'information.

électroniques sur une surface donnée de circuits. Pourquoi ? Parce que, plus vous réduisez la surface, plus vous abaissez le coût. Nos ordinateurs sont de plus en plus puissants et ils coûtent toujours le même prix, pour cette raison. Dans le domaine de la santé, on va pouvoir implanter sur l'homme des objets très petits avec un minimum d'intervention invasive. Je pense, par exemple, à un système de délivrance de médicaments, à la conception d'un pacemaker extrêmement intelligent, capable de s'adapter à l'environnement, à l'effort...

Alors, quelle est la deuxième façon d'aborder les nanotechnologies ?

Nous assemblons des éléments chimiques et biologiques afin de construire une nanostructure aux caractéristiques particulières, par exemple la capacité à cibler *in vivo* une cellule tumorale ou à lui apporter le médicament pour la détruire. L'intérêt réside dans le fait que nous nous situons à l'échelle du vivant. Le nanomètre, c'est l'échelle des virus par exemple. Nous allons donc pouvoir agir d'une façon très précise au niveau moléculaire.

Au Leti, vous travaillez plus précisément sur cet aspect ?

Nous travaillons dans plusieurs domaines. Le premier concerne les détecteurs pour l'imagerie médicale, la radiologie, le scanner, l'imagerie nucléaire... Le second concerne les nanostructures pour l'imagerie de processus biologiques et la délivrance ciblée de médicaments à l'intérieur du corps. Le troisième concerne la miniaturisation de protocoles d'analyse biologique, tels qu'on les réalise dans les laboratoires. Ils sont miniaturisés de façon à réaliser des systèmes portables, autonomes, décentralisés. Enfin, le dernier thème de recherche concerne l'électronique médicale. Nous essayons, par exemple, de développer un système miniaturisé avec une micropompe, un pilotage par radio, pour la délivrance d'insuline pour les diabétiques. Il s'agit à la fois

miniaturisé

d'enregistrement de données et, en fonction de celles-ci, d'adaptation de la dose en continu.

Pourriez-vous nous donner des exemples d'applications possibles dans le domaine de la miniaturisation ?

Nous cherchons à réaliser ce que nous appelons un microsystème, c'est-à-dire un dispositif qui va réaliser un certain nombre de fonctions dans un volume extrêmement réduit afin d'être implantable sur une personne. Nous allons, par exemple, enregistrer le taux de glucose dans le sang, en permanence. Nous allons ensuite traiter cette information et nous allons commander une micropompe capable de délivrer la bonne dose d'insuline et donc d'éviter au diabétique les injections contraignantes. Pour cela, nous allons utiliser la microélectronique pour graver des motifs extrêmement fins dans du silicium, réaliser des circuits très petits et consommant très peu, miniaturiser une liaison radio ou une source d'énergie... C'est cet ensemble que l'on va utiliser pour construire le système de délivrance miniaturisé. Autrement dit, nous allons intégrer dans un composant toutes ces fonctions, capture et traitement d'informations, délivrance de la dose en fonction de celles-ci et une liaison radio qui va permettre de communiquer avec le PC ou le smartphone du médecin pour un suivi régulier. Nous ne parlons pas d'un futur très lointain mais d'une échéance d'environ cinq ans... En fait, nous sommes déjà dans une étape intermédiaire où toutes ces fonctions existent et sont séparées. Il faut maintenant les miniaturiser, en faire un patch que l'on va mettre sous la peau. L'idée est de disposer de quelque chose qui va se faire oublier.

Mais cela ne concerne pas que le diabète ?

Non, cela concerne aussi les pacemakers. L'objectif est d'améliorer l'enregistrement de paramètres physiologiques liés au fonctionnement du cœur de façon à avoir un pilotage de celui-ci le plus adapté possible, en fonction de l'activité, de la dépense physique, par exemple

Nous sommes à un tournant qui réside dans la mise en œuvre d'une médecine personnalisée : on essaie de fournir le traitement le plus adapté à la spécificité de chaque patient.

en cas d'effort. Il faut aller vers une régulation adaptée au contexte de la personne. Dans ces dispositifs, on marie de la microélectronique et des télécommunications. Pour la sécurité du patient, ils ne doivent pas nécessiter une intervention invasive ; ils doivent être autonomes et communicants afin de permettre un suivi permanent et le maintien d'un dialogue avec le spécialiste. Il s'agit de fournir en permanence des informations qui vont permettre au cardiologue ou au spécialiste du diabète de suivre à distance l'évolution de son patient. En fonction de celles-ci, il va pouvoir prévenir celui-ci, par SMS par exemple, d'une dérive et lui demander de lui rendre visite. En fait, nous sommes à un tournant qui réside dans la mise en œuvre d'une médecine personnalisée : on essaie de fournir le traitement le plus adapté à la spécificité de chaque patient. Cette médecine va être rendue possible par l'existence de ces objets miniaturisés.

médecine personnalisée

Je voudrais vous donner un autre exemple allant dans ce sens. Nous avons développé un biocapteur, c'est-à-dire un système miniaturisé qui va permettre de mesurer de façon rapide et autonome le temps de coagulation du sang. Cela concerne un grand nombre de gens sous anticoagulants, cardiaques ou victimes d'accidents cardiovasculaires qui, aujourd'hui, doivent aller une fois par mois dans un laboratoire. Le patient aura chez lui un petit appareil, pas plus gros qu'une carte bancaire, qui lui servira à faire une analyse de sang. Le test va lui donner trois possibilités : vert, c'est bon, orange, il faut transmettre les résultats au spécialiste, rouge, il faut consulter. La médecine personnalisée consiste à fournir au patient des outils qui vont lui permettre, pour une part, de se prendre en charge.

Où en sommes-nous de l'état d'avancement de cette technique ?

Les prototypes existent et nous disposons déjà de solutions au coût extrêmement bas. En fait, le modèle vient de l'informatique. Dans les années 1970, il y avait les gros ordinateurs, centralisés, ensuite, il y a eu les premiers PC, et aujourd'hui, il y en a partout. Il s'agit donc de passer du modèle du laboratoire centralisé au modèle décentralisé, avec des dispositifs de bioanalyse au chevet du patient. Évidemment, cela ne concernera pas tous les types d'analyse, mais on pense au diabète, au temps de coagulation, à un marqueur de l'infarctus qui s'appelle la protonine. Dans ce cas, par exemple, vous avez besoin du résultat rapidement. Lorsque quelqu'un fait un malaise, vous êtes capable de faire un test dans l'ambulance et vous avez une première indication. Cela permet ensuite une meilleure prise en charge à l'hôpital.

Jusqu'où peut-on aller dans ce type de décentralisation ?

Il existe, par exemple, un modèle qui concerne les pays émergents. La plupart d'entre eux ont sauté un stade de développement en téléphonie et sont passés directement au réseau de mobiles. Le paysan dans l'Atlas, qui n'avait jamais eu un téléphone, a aujourd'hui un portable. On peut penser que ce modèle va s'appliquer au diagnostic biologique. Certains pays ne possèdent pas aujourd'hui de grands réseaux de laboratoires. Les dispositifs de diagnostic miniaturisés, autonomes, communicants *via* le réseau téléphonique existant, vont permettre de mettre du diagnostic là où il n'y en a pas aujourd'hui. Dans les cabinets médicaux, les dispensaires, on disposera de laboratoires sur puces grâce auxquels on pourra réaliser des analyses relativement complexes, en particulier immunologiques, pour détecter des maladies infectieuses – qui constituent l'un des principaux problèmes actuels de santé publique – et prescrire un antibiotique adapté. Et tout cela sans investissements colossaux. Aujourd'hui, beaucoup de gens partagent cette vision. Je pense, par exemple, à la fondation Melissa et Bill Gates qui finance des recherches dans ce domaine aux États-Unis... La Chine s'intéresse également beaucoup au sujet. Ces outils peuvent également être utilisés pour contrôler la diffusion de certaines affections comme la grippe. Cela s'est fait à l'aéroport de Singapour, par exemple, lors de l'épidémie de grippe A H1N1. On peut aussi réaliser des tests d'identification d'ADN… En fait, nous avons développé des technologies grâce auxquelles nous sommes capables de manipuler des échantillons de très faibles volumes, de les transporter pour faire, dans un format de carte de crédit, l'ensemble des opérations qui sont réalisées normalement dans un système grand comme mon bureau.

Pourriez-vous maintenant nous donner des exemples d'applications dans le domaine des nanostructures ?

traceur d'imagerie

Les nanostructures vont permettre, à l'intérieur d'un organisme vivant, par une injection classique, d'atteindre une cellule pathogène. Cette structure doit être de très petite dimension, quelques dizaines de nanomètres, et doit être capable d'embarquer un traceur d'imagerie, c'est-à-dire un élément qui va pouvoir être localisé, à l'intérieur du corps humain, par l'imagerie par résonance magnétique. Pour cela, elle doit également porter ce que l'on appelle un ligand (anticorps, peptide, aptamère), autrement dit un élément biologique, une molécule, qui va se lier spécifiquement à une cellule et pas à une autre. Le challenge pour nous, c'est la spécificité : le traceur doit être capable de cibler ces cellules. On va alors réaliser une imagerie qui va nous permettre de dire qu'à tel endroit, il y a un cancer de tel type et de réaliser un diagnostic précoce. Cela nous permet de découvrir des tumeurs que l'on ne verrait pas avec un scanner classique.

En fait, il s'agit de rendre cette nanostructure furtive ; en d'autres termes, elle doit aller précisément là où on l'a décidé. Et surtout, nous devons nous assurer qu'elle est biocompatible, qu'elle n'est pas toxique, et qu'elle va s'éliminer sans s'accumuler dans l'organisme. Dans le département, nous travaillons sur une nanostructure qui s'appelle « Lipidot », uniquement constituée de composants organiques déjà utilisés individuellement dans le corps humain. Mais cela ne signifie pas que l'ensemble va fonctionner, nous devons réaliser tous les essais pour le vérifier.

Il y a ensuite la question du traitement ?

Nous allons utiliser les mêmes propriétés de ciblage dans le corps humain pour amener un médicament adapté à la pathologie. Nous utilisons ce que nous appelons une nanoplate-forme de délivrance de médicaments. On revient d'ailleurs là à la médecine personnalisée.

Mais vous envoyez une deuxième nanostructure ou vous utilisez la même ?

La question n'est pas encore tranchée. Certains chercheurs optent pour le fait d'embarquer les deux, système de localisation et médicaments. D'autres imaginent que les choses pourraient se faire en deux temps. C'est en discussion. Mais le plus important est de suivre ensuite l'effet du médicament. On peut penser que réaliser les deux en même temps – localisation et traitement – va permettre plus facilement ce suivi. Au moment où vous administrez le traitement, vous pouvez réaliser une imagerie permettant de vérifier que le médicament a bien atteint sa cible.

Y a-t-il des risques à l'utilisation de ces techniques ?

Les risques concernent les données personnelles du patient. Une sécurisation de celles-ci sera nécessaire à partir du moment où elles vont circuler. Il y a un secret médical que vous voudrez garder par rapport à votre assurance ou à votre employeur... On rejoint là toutes les préoccupations liées à « Informatique et libertés » : confidentialité, secret médical... Tout système décentralisé peut être vulnérable. On a vu par le passé des fraudes au diagnostic par des médecins peu scrupuleux. Aujourd'hui, les radiographies numériques sont sécurisées afin qu'elles ne soient pas, par exemple, manipulées pour justifier une opération non nécessaire. Il y a vraiment un besoin de sécurisation concernant la vie privée ou une utilisation frauduleuse.

En conclusion, quel regard portez-vous sur le rôle de toutes ces technologies nouvelles ?

Le rôle de ces technologies consiste à rendre accessible à un maximum de personnes une médecine de qualité. Ensuite, elles permettent de placer le patient au cœur de la pratique médicale et de développer une médecine de plus en plus personnalisée au sens où nous serons capables de prodiguer un traitement adapté à la personne qui sera de plus en plus acteur de sa santé. Tout cela grâce à des dispositifs simples. Par exemple, nous avons un projet en commun avec les hospices civils de Lyon sur une mesure embarquée de l'activité pour les obèses. La notion d'activité est souvent un concept très subjectif et, aujourd'hui, on ne la mesure pas objectivement. Ce dispositif va permettre de donner à la personne cette information objective : voilà l'activité que vous avez déployée aujourd'hui, sur une échelle de 1 à 10.

Vous êtes donc plutôt optimiste ?

Dans mon domaine, je suis très optimiste mais, comme chaque fois qu'une rupture technologique intervient, il existe de fortes résistances. La profession médicale est tout de même très conservatrice et très attachée à son pouvoir de décision. La relation humaine, très importante dans le domaine médical, va être quelque peu modifiée. Enfin, les organismes gouvernementaux, les caisses d'assurance maladie, le ministère de la Santé – dans tous les pays – considèrent ces innovations comme une source de dépenses. Autrement dit, ils considèrent que la médecine high-tech est synonyme d'augmentation des coûts de santé. Il faut parvenir à démontrer qu'elle constitue au contraire un investissement. Il s'agit là d'un vrai défi.

“

À partir du moment où l'on a découvert l'atome, on était déjà dans le domaine des nanotechnologies. Sauf que le microscope optique ne permet pas de voir les nanoparticules... Aujourd'hui, il existe de nouveaux outils mais on ne voit pas parfaitement ce que l'on fait. On travaille toujours un peu à l'aveugle.”

Pierre Morin, directeur de recherche CNRS
à l'Institut des nanotechnologies de Lyon

Énergie et environnement :

des nouvelles technologies au service d'une planète durable

Plus tôt et avec plus d'intensité que les autres volets du développement durable – l'économie et le social –, l'écologie a posé la question des limites. D'abord en termes d'épuisement des ressources naturelles puis sous l'angle de l'impact de l'activité humaine sur l'environnement. Concernant les technologies de l'information et de la communication, l'extension considérable de leur diffusion a conduit à questionner leur consommation énergétique et la production de déchets, pour certains toxiques, liée aux matériels en fin de vie. Cette perception négative fait progressivement place à une vision beaucoup plus optimiste. Les TIC ont fait la preuve de leur contribution positive aux grands enjeux écologiques et laissent entrevoir d'énormes progrès encore à venir dans ce domaine, en particulier dans les secteurs du transport et du bâtiment.

Cependant, les promesses des TIC ne pourront se réaliser que si nous en décidons ainsi. Entrer dans la civilisation numérique implique de repenser nos modèles, de remettre en cause nos habitudes et de faire sauter bien des verrous. Entre les utopies et les immobilismes, les voies de progrès sont à portée de main – j'allais dire à portée de clic. Nous avons dorénavant les moyens de mettre de l'intelligence dans les réseaux. Ne tient-il pas qu'à nous d'en mettre aussi dans nos modes de vie ?

Le temps des utopies

Voici revenu le temps des utopies créatrices. Pour sortir de la crise énergétique, pour maîtriser l'évolution du climat, pour accueillir 9 milliards d'êtres humains sur la Terre, il va falloir changer profondément nos modes de vie et sortir de l'économie de propriété et des objets jetables. Gilles Berhault[1], président de l'association Communication et information pour le développement durable (ACIDD[2]), du Cluster Green and Connected Cities, délégué développement durable de la direction scientifique de l'Institut Télécom et auteur de *Développement durable 2.0*[3], s'interroge sur notre capacité à mutualiser, partager, économiser. Les nouvelles technologies devraient nous aider à revoir notre conception du bonheur...

Vous vous intéressez particulièrement aux nouvelles technologies. Sous quel angle précisément ?

Les nouvelles technologies de la communication peuvent contribuer au développement durable. Nous pouvons en revisiter les usages sous l'angle des responsabilités environnementales, sociales, culturelles, éducatives. En fait, il y a trois facteurs qui nous conduisent à un

1 www.gillesberhault.com - 2 www.acidd.com - 3 Éditions de l'Aube, 2009.

changement profond de société. Le premier, c'est le développement durable. Il y a une prise de conscience des limites de la planète, pour des raisons écologiques et démographiques. Le deuxième concerne notre entrée dans la civilisation numérique, et le troisième, c'est la globalisation économique et culturelle. Nous assistons à la naissance d'un monde interconnecté et synchrone pour la première fois dans l'histoire de l'humanité avec 4 milliards de téléphones portables et déjà 1,5 milliard d'utilisateurs d'Internet sur la planète ! Nous sommes clairement en train de changer de modèle, et je partage volontiers l'avis de Michel Serres lorsqu'il dit que, dans l'histoire, il y a eu trois passages : l'écriture, l'imprimerie et maintenant le numérique. Tout bascule : le modèle de société, les modes de vie, les modes de relation à l'autre...

Et vous faites des technologies nouvelles la cause essentielle de ces changements ?

Je ne sais pas si elles en constituent la cause ou la conséquence. Il existe une aspiration nouvelle, rendue possible par Internet et les nouvelles technologies. Elle est liée à la saturation d'un type de société fondé sur une certaine façon de travailler, sur l'économie de la propriété et du jetable. L'ère industrielle a alourdi profondément nos façons de vivre. Je n'ai plus de bureau, je travaille dans des salles de réunion, chez moi, dans les cafés, là où je me trouve. Cela m'a simplifié la vie de nomade. Thierry Kazazian a dirigé l'écriture d'un livre collectif dont j'aime le titre : *Il y aura l'âge des choses légères*[4]. Il s'agit bien d'alléger la vie... C'est cela l'économie de la fonctionnalité.

Quand je pars une semaine en train et que je laisse ma voiture au parking de la gare, on est dans une situation absurde. Cette voiture qui a consommé beaucoup d'énergie et de ressources pour sa fabrication devrait servir à quelqu'un d'autre ! En France, les perceuses ne servent

---

4 *Design et développement durable : Il y aura l'âge des choses légères*, sous la direction de Thierry Kazazian, Victoires Éditions, 2003.

que quelques minutes par an. Si nous mettions tout notre outillage en commun, cela nous coûterait moins cher et, avec les économies ainsi réalisées, nous pourrions payer quelqu'un pour faire entretenir le matériel… Il faut faire avancer de front la protection de la planète, la qualité de la vie, mais surtout imagination et créativité.

Vous dites que nous vivons dans une société de la saturation. Pourriez-vous en dire un peu plus ?

Nous sommes entourés par les objets et par la quantité d'informations que nous ne savons pas gérer – les gens n'ont pas été formés pour cela dès l'école. La société souffre de phénomènes de saturation, notamment dans les villes, liés aux transports et à la surface disponible. Quatre-vingt-dix minutes de transport domicile-travail par jour, c'est lourd et harassant. Nous avons mis en place un groupe de travail sur le thème : « Peut-on faire gagner un million d'heures par jour aux Français[5] ? » Bien sûr que nous pouvons le faire et même faire beaucoup mieux. Il suffit pour cela de réfléchir ensemble et d'agir. A-t-on vraiment besoin d'aller tous les jours au même endroit ? C'est aussi une question de surface disponible. Les appartements et les espaces de travail sont trop petits parce que nous ne savons pas mutualiser. Gandhi disait que nous sommes capables de nourrir 10 milliards de personnes sur la planète à condition d'arrêter de vouloir posséder ce que possède l'autre. Si nous mutualisions tout ce qui peut l'être, nous pourrions gagner beaucoup de place.

mutualiser

Que pourrions-nous mutualiser ?

Prenons le bureau du président d'une grande société : c'est le plus grand de l'entreprise alors qu'il accueille probablement la personne qui y passe le moins d'heures ! Autre exemple : les salles de visioconférences dans les entreprises ne servent pas en permanence ; elles pourraient être utilisées par des associations ou la mairie, le soir. Au

5 www.e-activitesdurables.eu

À aucun moment dans l'histoire il n'y a eu autant d'innovateurs. Le nombre de gens qui s'affairent à inventer de nouvelles façons de résoudre nos problèmes est sans précédent."

Edmund Phelps, prix Nobel d'économie,
interrogé sur ses raisons d'être optimiste

lieu d'être propriétaire des ordinateurs, pourquoi ne pas utiliser des PC mutualisés ? L'objectif est de créer des écosystèmes pour approcher du zéro déchet, du zéro carbone... Lorsque je n'ai plus besoin de certains objets, je peux trouver quelqu'un dans ma localité à qui ils peuvent servir. Il existe, par exemple, chez moi, en Provence, des rencontres « Vide-poussettes », qui permettent aux gens de se revendre à très bas coût – équivalent à de la location – les objets et vêtements nécessaires aux enfants. Les miens sont à 80 % habillés de cette façon !

Il s'agit là d'une démarche sociale. En quoi les technologies peuvent-elles servir dans ce cas ?

La géolocalisation est une clé fondamentale. D'autant que l'Internet mobile va dépasser l'internet fixe dans les deux ans. eBay n'a de sens que s'il est géolocalisé. Les imprimantes 3D vont permettre la localisation. Si je veux acheter une tasse, au lieu d'aller chez Ikea, je vais acheter le design de celle-ci, je vais l'améliorer et je vais la fabriquer chez moi ou dans un espace mutualisé dans mon quartier. Cela crée une révolution économique : Ikea va peut-être la trouver intéressante et la mettre dans son catalogue. Et donc me rémunérer si mon design en intéresse d'autres. Nous pouvons ainsi devenir producteurs de design d'objets. Chacun devient créateur, producteur d'énergie avec des panneaux solaires sur le toit... Tout cela est possible parce qu'il y a des échanges d'informations. Dans une dimension sociale et communautaire, on peut même aller jusqu'à compléter la monnaie classique par une monnaie complémentaire locale. Le modèle économique d'un fabricant d'ordinateurs aujourd'hui est de vendre des objets jetables. Demain, ce sera de louer un ordinateur à longue durée de vie et de proposer des services et usages durables.

Ce que vous décrivez s'oppose au modèle productiviste ?

Pas tant que cela. Il faudra continuer à produire des logiciels, des services, de la culture, des images, des textes… J'aimerais juste que l'on arrête de produire des objets jetables, d'autant qu'ils traversent la planète pour arriver dans les supermarchés. Aujourd'hui, la durée de vie d'un téléphone portable est de dix-huit mois… Ne pourrait-on pas imaginer qu'il ait une durée de vie de dix ans ? Ce qui n'empêcherait pas d'acheter 50 logiciels par mois…

C'est cela le développement durable finalement ?

Le développement durable consiste à préserver des équilibres. Si vous avez une décision à prendre – emprunter des transports, partir en vacances ou acheter un vêtement –, vous vous posez la question de l'équilibre entre les dimensions économique, environnementale, sociale, territoriale et culturelle. Vous devez en permanence vous interroger sur le bilan global. Si vous êtes riche et que l'Inde est votre passion, au lieu d'y aller tous les mois, vous choisirez d'y aller un mois une fois par an… Ce qui est évidemment facilité avec le développement des téléactivités. Le week-end aux Antilles, c'est franchement ridicule… Derrière tout cela se pose une vraie question, celle du pouvoir de pollution des riches. Le problème réside dans la possession et l'accumulation des objets physiques. En Amérique du Sud, il existe une tribu dans laquelle les propriétaires de la terre sont ceux qui la cultivent ; lorsque ce n'est plus le cas, ils ne le sont plus.

Et nous serons 9 milliards dans vingt-cinq ou trente ans ! Dans ce contexte, le mot de saturation prend toute sa signification.

saturatio

J’ai le sentiment que nous sommes en train de basculer vers autre chose qui n’est pas le collectivisme que l’on a connu dans le passé, qui n’est pas non plus l’individualisme extrême des années 1980 et 1990, avec un renforcement de l’individu dans toutes ses capacités.

"

Une révolution prend du temps et nous implique tous. La vie dans les villes est déjà plus harmonieuse qu'avant. La relève est assurée, car nos enfants sont élevés dans le respect de l'environnement."

Cécile de France, qui se revendique « écolo optimiste », *L'Express*, 8 avril 2010

Mais le modèle que vous décrivez ne serait envisageable qu'avec l'utilisation des technologies... De quelle façon ?
Nous sommes toujours confrontés à des choix et pour cela, il faut de l'information. Faut-il utiliser un briquet ou une boîte d'allumettes, lequel pollue moins ? J'ai besoin d'information qualifiée en fonction de mes comportements pour le savoir. Sans les outils susceptibles de me la donner, je ne peux pas connaître mon empreinte environnementale et sociale. Ces informations existent pour la plupart, mais il s'agit de les gérer. Lorsque je consulte la météo sur mon iPhone, il y a derrière ce geste un croisement d'informations très complexe alors que l'interface est simple. En fait, il faut disposer de l'information utile et fiable. C'est une vraie question de différence entre information et communication.

Percevez-vous des changements dans la situation actuelle ?
J'ai le sentiment que nous sommes en train de basculer vers autre chose qui n'est pas le collectivisme que l'on a connu dans le passé, qui n'est pas non plus l'individualisme extrême des années 1980 et 1990, avec un renforcement de l'individu dans toutes ses capacités. J'imagine un écosystème en évolution continuelle. On expérimente sans cesse

tout en avançant. Je vois de plus en plus de gens qui font des choses dans leur coin, sans structure. C'est important, même s'il s'agit pour l'instant de signaux faibles. Souvent, les responsables politiques et médiatiques ne comprennent pas que les gens ont déjà changé. Dans le lycée de Ørestad à Copenhague, le rôle traditionnel des professeurs est remplacé par le travail collectif des étudiants et par Internet. Les résultats sont excellents. L'Internet et les nouvelles technologies multiplient les champs du possible et doivent nous donner plus de temps.

On peut se poser la question : pourra-t-on vivre sans disposer d'un accès Internet ? Je pense que l'on n'est pas obligé de posséder un ordinateur ou un téléphone mais que tout le monde doit y avoir accès. C'est différent. Il s'agit d'un problème d'accessibilité et non pas de propriété des objets.

Alors, êtes-vous optimiste ?

Je suis à la fois optimiste et inquiet. Optimiste parce qu'il y a de la créativité, il y a des initiatives… Mais je suis inquiet à cause de nos difficultés à faire sauter les verrous du côté de certains centres de décision médiatiques ou politiques. Notre société s'accélère. Or, il faut du temps pour aboutir à de vrais changements de comportement et de fonctionnement. C'est cela l'équation à résoudre.

accessibilité

Partager l'énergie

Dans les vingt ans à venir, il faudra doubler la production d'électricité dans le monde et investir plus que nous ne l'avons fait depuis Edison. Mais, surtout, il va falloir apprendre à partager un bien rare : l'énergie. Pour Jean-Pascal Tricoire, président du directoire de Schneider Electric, il n'existe qu'une seule solution : à la fois économiser et utiliser les technologies nouvelles.

Vous êtes le patron de Schneider Electric. Quel est l'impact des nouvelles technologies sur votre activité ?

La technologie aujourd'hui change tout. Est-ce une bonne nouvelle ? Oui. Car, sans elle, le monde de l'énergie se trouverait dans une impasse. La Terre compte 6,5 milliards d'habitants, mais seulement 2 milliards de privilégiés ayant accès à un niveau correct d'énergie. Que va-t-il se passer dans les vingt ans à venir ? D'abord, dans les zones émergentes, en Inde, en Chine, en Asie du Sud-Est, en Afrique, au Brésil..., le nombre de personnes qui auront accès à l'énergie va doubler. Cela signifie que la consommation d'électricité va être multipliée par deux et que nous devrons investir plus que nous ne l'avons jamais fait depuis Edison... À cela, il faut ajouter les 1,6 milliard de la population mondiale ne bénéficiant pas de l'électricité. Fournir le minimum énergétique, l'éclairage, constitue un devoir absolu, une démarche humaniste. Enfin, notre planète va s'enrichir de 2 milliards d'individus supplémentaires dans ces vingt prochaines années. La pression sur l'énergie va donc être énorme alors que nous sommes proches de nos capacités maximales d'extraction du pétrole. D'un point de vue énergétique, nous allons objectivement dans le mur.

Il y a aussi la question des changements climatiques ?

Sur la question du changement climatique, de nombreux experts considèrent aujourd'hui que nous devrons diviser nos émissions de carbone par deux si nous ne voulons pas voir s'aggraver les désordres climatiques. Nous sommes donc face à une équation impossible avec une prévision minimale de doublement de la consommation totale d'énergie dans les quarante ans qui viennent, et la nécessité d'éliminer, dans le même temps, la moitié des émissions de carbone. En d'autres termes, la consommation énergétique de chaque lieu dans lequel nous vivons devra diminuer de 70 %. Cette situation implique des changements énormes de nos modes de vie.

Alors, y a-t-il des solutions ?

La bouteille à l'encre consisterait à dire que l'unique solution réside dans l'utilisation d'énergies renouvelables. Mais, dans les projections des spécialistes les plus optimistes, celles-ci ne couvriront que 15 à 20 % de la production d'énergie de la planète à l'horizon de quarante ou cinquante ans. Une éolienne, par exemple, ne fonctionne que pendant 20 % du temps. Nous sommes donc obligés de doubler celle-ci par une centrale à charbon... L'ensemble des renouvelables – biomasse, hydrogène, éolien, solaire – ne constitue donc pas *la* solution. De son côté, le nucléaire est difficilement accepté par l'opinion et la question de la disponibilité des ressources en uranium est également posée. Cela signifie que 70 % de la production continueront de provenir des énergies d'origine fossile comme le charbon.

Vous pensez que la solution passe par la réduction de la consommation ?

Je ne vois pas d'autre issue. D'autant plus que nos sociétés, qui sont les plus grosses consommatrices, devront économiser pour partager avec les autres. Le problème qui nous est posé est en fait un problème de management du changement. Il touche à trois éléments. Le premier concerne le processus de décision. Les gens qui investissent aujourd'hui raisonnent en termes d'optimisation des coûts d'investissement, sans prendre en compte le long terme. C'est ce qui se passe quand on achète une voiture bon marché mais polluante ou en construisant des bâtiments qui ne respectent pas les normes environnementales. Or, tout investissement devrait prendre en compte le temps de vie complet d'un produit. Pour accélérer le changement, il faudra probablement en passer par des réglementations draconiennes. Par exemple, s'il n'y avait pas eu de loi imposant le port de la ceinture de sécurité, les gens ne l'utiliseraient pas. Ce qui a permis de passer de 10 000 à 3 000 morts par an. À l'époque, personne n'était prêt à le faire parce que cela alourdissait le coût de la voiture et parce que l'on n'aimait guère boucler sa ceinture… Aujourd'hui, les nouvelles générations ne se posent même plus la question. Il faudra passer par ce genre de loi, simple, pour changer l'attitude face à la consommation énergétique.

Qu'entendez-vous exactement par processus de décision ?

Prenons un exemple, celui du bâtiment. Très souvent, l'exploitant n'est pas celui qui investit. Or, ce dernier essaie de minimiser son coût de construction et se préoccupe peu du coût de fonctionnement. (Ce qui n'est pas le cas des gens qui gèrent leur maison et qui sont passés du frigo à haute consommation au frigo à basse consommation, par exemple.) Il s'agit donc de penser à moyen terme plutôt qu'à très court terme… Au lieu de concevoir des systèmes très compliqués comme le commerce de carbone, il faut prendre le taureau par les cornes et dire, par exemple : en France, on ne construira plus un bâtiment consommant plus de 50 kWh. Tout cela peut être facilement imposé par des réglementations ou des incitations fiscales.

Voilà pour le premier point concernant le management du changement. Quel est le deuxième ?

Tout le monde parle de l'énergie verte et de l'efficacité énergétique. Mais si vous voulez vous former dans ces métiers porteurs d'avenir, vous aurez bien du mal à trouver une école. Aucun pays n'a de structure pour former à ces métiers qui constituent pourtant des opportunités d'emploi.

Enfin, troisième point, il faut qu'il y ait plus de coopération entre les entreprises de diverses sphères d'activité – par exemple, des secteurs comme le nôtre avec les producteurs de systèmes d'informations. Comme il s'agit d'un marché nouveau, il faut faire travailler des écosystèmes élargis, ce qui n'est pas toujours le cas aujourd'hui. En fait, la seule façon de résoudre ce dilemme énergétique, c'est de passer par les nouvelles technologies.

De quelle manière ?

Les énergies renouvelables constituent une partie de la solution. Mais elles sont très loin d'être suffisantes. De nouveau, la solution la moins coûteuse, au *payback* le plus court, au temps de mise en œuvre le plus rapide, c'est l'efficacité énergétique. L'efficacité énergétique est désormais possible de façon très simple et compétitive grâce à l'existence d'artères de communication à coût marginal, d'Internet et du sans-fil. Ce qui permet d'équiper d'intelligence des bâtiments, à bas coût. Nous allons ainsi pouvoir changer de paradigme énergétique. Grâce aux points de production et de consommation intelligents, un certain nombre de gens peuvent, à certains moments, délester leur charge – en allégeant ainsi leur facture –, d'autres peuvent consommer l'électricité lorsque celle-ci est moins carbonée. Il faut aussi s'intéresser à l'optimisation de la production. Par exemple, une centrale nucléaire produit toujours la même quantité d'électricité alors que, pendant la nuit, la moitié des usines ne fonctionnent plus et la plupart d'entre nous dorment… En revanche, on se lève tous à la même heure, les usines ouvrent leurs portes au même moment, et l'on utilise alors de l'énergie de pointe, très carbonée et très chère. Tout cela doit être rendu intelligent, adaptable et optimisé. De plus, la dérégulation va rendre l'énergie commerciale. Cela signifie que l'on pourra la gérer comme son forfait de téléphone portable. Tout cela va imposer des technologies qui n'existent pas aujourd'hui et qui vont révolutionner le paysage énergétique.

Pensez-vous que la croissance sera toujours possible dans ce contexte ?

Je ne suis pas un écologiste de la décroissance. Je pense que les gens veulent toujours plus mais qu'il faut répondre aux besoins en utilisant beaucoup moins de ressources. Par exemple, nous avons emménagé dans un nouveau bâtiment l'an passé. À cette occasion, nous avons divisé nos consommations d'énergie par quatre. Il se trouve que ce nouveau siège social est beaucoup plus agréable, beaucoup plus confortable, beaucoup plus productif que celui que nous occupions précédemment. Certes, nous avons investi un peu plus dans le prix de base. Mais, au final, ce bâtiment pèse énergétiquement quatre fois moins sur la planète. Ce que propose Schneider Electric, ce sont des sauts technologiques très importants que nos systèmes électriques pourvus d'intelligence permettent de réaliser. Ils consistent à maîtriser la convergence entre ce que l'on appelle les courants forts – des kilovolts, des kiloampères – et les technologies de la communication. Nous vivons de ce point de vue une période passionnante avec plus de révolutions dans le domaine électrique que depuis le premier déploiement de l'électricité, il y a plus de cent ans.

Depuis combien de temps assiste-t-on à cette révolution ?

L'apparition de ces technologies dans le domaine des énergies renouvelables date de cinq à dix ans, celle de la généralisation d'Internet de machine à machine de cinq ans. Nous sommes au début de la courbe de démarrage. Schneider Electric a été la première entreprise de son secteur à introduire Internet comme réseau d'automatisation en usine en 1995. À l'époque, cela avait déclenché les sarcasmes de toute la profession. Aujourd'hui, tout le monde travaille sur ce standard. La bonne nouvelle est que, entre-temps, Schneider s'est imposée comme le leader des standards ouverts basés sur Internet, de machine à machine, dans les applications de l'énergie. Nous sommes, de ce point de vue, en train de transformer le secteur. Nous ne le faisons pas pour des raisons de performance mais parce que, sans cette révolution de la communication, le secteur énergétique va dans le mur. Il faut sortir de l'impasse.

Il y a donc urgence à réagir ?

Oui. Nous avons reçu des signaux d'alerte pour nous en convaincre. En 2008, le baril de pétrole a atteint 140 dollars et, depuis dix ou quinze ans, les conflits dans le monde liés aux problèmes d'énergie se sont multipliés. Si nous ne réagissons pas, nous allons assister à une explosion des prix, les zones urbaines vont devenir invivables à cause de la pollution et la course à l'énergie risque de susciter des conflits d'une intensité inconnue jusqu'ici.

Quelles sont les forces dans le monde qui peuvent conduire aux changements que vous appelez de vos vœux ?

Les choix qui s'imposent devraient donner une prééminence aux politiques à condition d'adopter des horizons de moyen et long termes. Je pense qu'il y a eu un tournant majeur à Copenhague. L'accord n'a pas été signé, mais un vrai changement s'est produit dans l'attitude des gouvernements et des sociétés. Il n'existe plus sérieusement de

Je pense

qu'il y a eu un tournant majeur à Copenhague. L'accord n'a pas été signé, mais un vrai changement s'est produit dans l'attitude des gouvernements et des sociétés.

négationnistes du problème énergétique. Les grands médias, qui n'avaient pratiquement pas évoqué la conférence de Bali, ont très largement parlé du sommet de Copenhague. De leur côté, les entreprises prennent conscience que l'énergie est devenue un vrai problème, à la fois pour leur image – être repérée comme une société consommatrice et polluante est plutôt négatif – et pour leur compte de résultats, car l'énergie est chère. Des sociétés pragmatiques comme Carrefour ou Walmart mettent aujourd'hui la gestion de l'énergie au cœur de leurs priorités. La prise de conscience s'accroît sur ces questions. L'opinion publique, quant à elle, exerce une pression importante sur les entreprises, mais en réalité, elle est aujourd'hui beaucoup moins progressiste que certaines entreprises. Peu de gens se sont attaqués spontanément à l'isolation de leur appartement ou au contrôle de leur consommation d'énergie. Sur de nombreuses questions, les gouvernements et les entreprises – pour des raisons économiques ou parce qu'ils ressentent mieux les évolutions – sont pionniers et font bouger les choses. Je suis certain que les consommateurs vont leur emboîter le pas. Encore faut-il que les produits soient disponibles. Les voitures hybrides, par exemple, sont encore plus chères que les véhicules classiques... mais leur succès est évident.

Mais les consommateurs ont-ils toujours le choix ? Si vous habitez dans un endroit où il n'y a pas de transports en commun, vous utilisez votre voiture.

Les consommateurs n'ont pas toujours le choix. Dans d'autres domaines, ils l'ont car les technologies existent. Mais elles sont trop récentes, trop chères ou alors les compétences associées n'existent pas. Je renoncerai à faire le bilan énergétique de mon habitation si je ne trouve pas d'installateur proche compétent en la matière. En fait, nous sommes au début de ces changements et les entreprises ont une approche souvent plus volontariste que les consommateurs,

Je suis frappé par la confusion entre la connexion et l'intelligence, l'accès massif à l'information et sa compréhension, la confusion entre réseau social et qualité des relations. La difficulté à se focaliser, l'attention superficielle, est sans doute la grande maladie du siècle.

qui s'y mettront quand les législations les inciteront à le faire. Lors d'un achat immobilier par exemple, il faudra qu'un expert fasse le bilan énergétique du bâtiment afin que l'acheteur puisse procéder en toute connaissance de cause. Je voudrais vous donner un autre exemple concernant les choix urbanistiques. Les villes modernes des pays émergents sont confrontées à un choix fondamental : faut-il se développer à l'européenne – avec des centres-ville à forte densité – ou à l'américaine – avec de grands faubourgs et des centres commerciaux décentralisés ? En termes énergétiques, il s'agit de deux modèles totalement différents. Le premier est beaucoup plus efficace – avec des moyens de transport, des habitants regroupés, peu de voitures, des surfaces habitables plus faibles... Le deuxième est énergétiquement plus consommateur avec, en particulier, une utilisation intensive de la voiture. On touche là à des choix de société.

D'un point de vue managérial maintenant, quel est l'impact des nouvelles technologies ?

Pour ma part, je suis mobile depuis quinze ans grâce aux nouvelles technologies, smartphone, PC... Autrement dit, mon bureau m'est relativement indifférent. Le fait d'être mobile me permet d'être près de mes collaborateurs – nous sommes présents dans 100 pays, et la France ne représente que 10 % de notre chiffre d'affaires. Je peux donc aller sur le terrain sans perdre le contact.

À l'opposé, nous utilisons également la téléprésence qui nous permet d'être proches de nos collaborateurs sur le terrain sans nous déplacer physiquement. Ces moyens diminuent le stress des équipes, réduisent les transports et donnent la possibilité de rentrer chez soi, même si la réunion se termine tard... La qualité d'interaction nous rend très proches. La technologie nous a apporté beaucoup de réactivité, la possibilité de communiquer avec l'autre où qu'il se trouve. On peut être sur le terrain tout en restant connecté au centre, et au centre tout

en restant proche des équipes. Le « centre » est aussi une notion qui disparaît. Nous animons des communautés très multilocales, qui utilisent les outils collaboratifs et les outils vidéo pour former une équipe au-delà des différences de site. Le centre est multilocal.
La technologie nous a aussi rapprochés très considérablement de nos clients, avec lesquels nous interagissons directement où qu'ils soient dans le monde.

Il y a aussi, je suppose, des aspects négatifs ?

Oui, et ils sont considérables.
Je pense qu'on réagit trop en temps réel. En d'autres termes, il y a confusion aujourd'hui entre réactivité et intelligence. Il y a vingt ans, le temps de réponse était d'une semaine, aujourd'hui, il est d'une heure. Le temps est là pour donner de la distance et permettre la réflexion. Les gens qui consultent leur smartphone toutes les dix minutes ou réagissent aux vibrations de tout nouveau message ont des symptômes de dépendance inquiétants ! L'individu doit lutter contre l'exigence de réactivité absolue.
Il s'agit aussi de gérer le rapport entre l'espace personnel et l'espace professionnel. C'est une question de discipline très forte, presque militaire. Le smartphone installe le bureau au milieu de la famille. Ce n'est acceptable que si c'est géré.
Enfin, ce n'est pas parce que l'on est connecté que l'on est intelligent... Je suis frappé par la confusion entre la connexion et l'intelligence, l'accès massif à l'information et sa compréhension, la confusion entre réseau social et qualité des relations. La difficulté à se focaliser, l'attention superficielle, est sans doute la grande maladie du siècle. Le temps réel, la globalisation de l'information catalysent une culture de l'événement, du people, de l'éphémère, de la réactivité, qui peut prendre le dessus sur la substance et l'essentiel de ce qui constitue une société.

“

Quel point commun entre un personnage virtuel de Second Life et un habitant du Brésil ? Tous deux consomment en moyenne la même quantité d'électricité chaque année, une comparaison qui illustre la voracité énergétique d'Internet. Pour "vivre", les "avatars" de Second Life ont en effet besoin de centres de données géants (les "data centers"), qui alignent sur des milliers de mètres carrés des câbles et des ordinateurs aux capacités de calcul phénoménales, stockent et transmettent sans discontinuer les données des internautes du monde entier.
Réduire la consommation de ces gigantesques "fermes informatiques" est justement l'un des défis du secteur des hautes technologies.”

L'Expansion, 5 mars 2008

Enfin, les technologies deviennent parfois un but en soi, un objet de statut. Certains nouveaux objets de communication sont devenus synonymes d'engouement ou d'adulation planétaire. Avec des phénomènes d'addiction et de grégarisme social qui conduisent à des pressions importantes sur le pouvoir d'achat.

Changent-elles le management ?

Les nouvelles technologies demandent une tout autre gestion des relations humaines. L'entreprise est une histoire de relations humaines, et donc un lieu d'échanges et d'émotions. Les nouvelles technologies rapprochent techniquement les collaborateurs. Elles les éloignent parfois, en servant d'évitements techniques aux vraies explications et confrontations, verbales et physiques. Je pense qu'il est absolument nécessaire, pour contrebalancer les aspects négatifs des technologies, de partager des moments d'émotion, d'entretenir des contacts, de donner de l'importance à l'humain, de combattre tous les gens pour qui les « ping-pongs de mails » vont régler les problèmes. Chez nous, il y a de plus en plus de réunions où tout cela est interdit et où l'on utilise le bon vieux papier et le bon vieux crayon.

Les technologies permettent des communications plus capillaires et plus directes, ce qui modifie le rôle du management intermédiaire dont l'une des prérogatives importantes était la détention, la maîtrise et la diffusion de l'information. Or, aujourd'hui, celle-ci est disponible. Que reste-t-il, dès lors, à ce management ? Le rôle le plus noble : donner du sens, expliquer, écouter, motiver, valoriser... Encore faut-il le comprendre et en être capable.

En conclusion ?

Les nouvelles technologies vont permettre de résoudre des problèmes fondamentaux de la société – comme celui de l'énergie par exemple. Elles donnent à l'entreprise les moyens de gérer de façon incroyablement efficace et rapide sa globalité, de se rapprocher de ses clients, de son écosystème (fournisseurs...), ainsi que de ses collaborateurs. Elles favorisent la création de communautés très réactives, au-delà des frontières et des lieux de travail. Elles rendent le monde plat. Les nouvelles technologies installent une culture de la transparence beaucoup plus forte. Tous les composants internes et externes de la société doivent désormais être alignés. La perception des clients ne peut plus être éloignée de celle des employés, des actionnaires et de l'environnement.

Mais elles ne constituent pas un but en soi. Elles sont parfois un facteur potentiel de consommation démesuré, d'hyperréactivité et de défocalisation de l'essentiel. Nous devons les équilibrer par une bonne dose d'humain, de lien, d'échange et de dialogue. Nous devons les

accompagner d'un management du changement intensif et redéfinir les rôles, particulièrement ceux de l'encadrement.
Nous devons utiliser les nouvelles technologies pour rapprocher les gens, collaborateurs et clients, et non pas pour que ceux-ci s'y enferment.

ransparence

Climat : penser à long terme

Diviser par deux les émissions de CO_2 en quarante ans au niveau mondial et par quatre dans les pays développés afin d'éviter que le réchauffement climatique aille au-delà de 2 degrés : tel est l'objectif que doit atteindre l'humanité si elle veut éviter des catastrophes liées au changement climatique. Pour François Moisan, directeur exécutif de la stratégie, de la recherche et de l'international à l'ADEME[1], il ne faut pas compter sur une technologie miracle, mais, au-delà des innovations technologiques, sur notre capacité à remettre en cause nos modes de vie et à penser à long terme.

Pourriez-vous nous rappeler ce que sont les missions de l'ADEME en général et les vôtres en particulier ?

Les missions de l'ADEME sont multiples. La première concerne la recherche : notre objectif consiste à faire émerger de nouvelles technologies. La deuxième consiste à convaincre : nous mettons pour cela en œuvre des campagnes de communication en direction du grand public, des professionnels et des collectivités. La troisième consiste à conseiller l'État, par exemple sur les réglementations concernant

1 Agence de l'environnement et de la maîtrise de l'energie.

les bâtiments, le bonus-malus pour l'automobile, le prêt à taux zéro pour encourager les ménages à faire des économies d'énergie, etc. Nous avons, par exemple, beaucoup travaillé en amont du Grenelle de l'environnement. Nous sommes également conseil auprès des entreprises et des collectivités locales afin qu'elles puissent mieux maîtriser leurs émissions de CO_2 avec des outils comme le bilan carbone... Nous menons des recherches dans le domaine des déchets ménagers avec l'objectif d'en réduire la production. Nous travaillons également sur le problème de la pollution locale de l'air – je ne parle pas ici du CO_2 –, sur celui des sols pollués et sur celui du bruit. Notre action concerne finalement tous les problèmes environnementaux, sauf ceux qui concernent l'eau – confiés aux agences de bassin.

Et dans le domaine de la recherche dont vous avez la responsabilité ?

L'ADEME ne dispose pas de laboratoire propre ; nous travaillons avec les entreprises et les laboratoires publics. Notre mission consiste à rassembler des experts autour d'une thématique et de travailler avec eux. Depuis peu, nous établissons des « feuilles de route » à 2050. Par exemple, quelle pourrait être la mobilité dans la ville à cet horizon ? D'un point de vue technologique bien sûr, mais aussi organisationnel. Nous travaillons sur un objectif fixé à l'horizon de quarante ans, issu des travaux du GIEC[2] : diviser par quatre nos émissions de CO_2 afin d'éviter que le réchauffement climatique aille au-delà de 2 degrés. Dans le cadre de cette feuille de route, une fois identifiés les objectifs, nous réfléchissons avec les experts à ce que pourraient être les solutions. Par exemple, dans le cadre de la mobilité, irons-nous vers de nouveaux véhicules électriques, plus légers, ou vers des services... ? Une fois la direction tracée et les verrous techniques ou organisationnels identifiés, nous lançons des programmes de recherche

2 Groupe d'experts intergouvernemental sur l'évolution du climat.

avec des appels d'offres auxquels répondent des entreprises, des laboratoires ou des organismes publics. Nous assurons l'animation de ces travaux et leur apportons un soutien financier très important. D'ailleurs, dans le cadre du grand emprunt, nous serons opérateurs de plusieurs programmes qui vont représenter 2,8 milliards d'euros sur cinq ans.

Peut-on mettre un trait d'égalité entre la question des économies d'énergie et celle des émissions de CO_2 ?

La question des économies d'énergies et celle des émissions de CO_2 sont étroitement liées. Certaines émissions de gaz à effet de serre responsables du réchauffement climatique ne concernent pas le CO_2 mais d'autres gaz comme le méthane, issu pour une part de l'agriculture – de la culture du riz par exemple – ou les gaz fluorés que l'on trouve dans les frigos. Le CO_2 provient, lui, pour une grande part, de la combustion, essentiellement du pétrole, du gaz et du charbon. Je parle du réchauffement climatique, mais il existe une autre raison fondamentale d'économiser l'énergie : la raréfaction des ressources fossiles.

Alors, comment envisagez-vous le rôle des technologies nouvelles ?

Les technologies nouvelles ont surtout un impact sur notre action dans le domaine de l'énergie et des émissions de gaz à effet de serre. On sait qu'atteindre l'objectif de réduction d'un facteur 4 n'est pas possible avec les technologies actuelles et qu'il ne suffira pas de les développer pour régler le problème. Il y a eu de vifs débats sur cette question, notamment entre les Américains – à l'époque de George Bush – et les Européens. Je pense fondamentalement qu'il faut à la fois modifier nos modes de vie et développer de nouvelles technologies. Actuellement, les deux tiers des bâtiments dans lesquels nous vivons ont été construits avant le premier choc pétrolier, à une époque où il n'existait aucune réglementation thermique. Ils constituent une passoire énergétique. Par ailleurs, les deux tiers des bâtiments qui existeront dans les années 2050 sont déjà construits. On est pourtant capable aujourd'hui de faire des bâtiments « à énergie positive », dont la consommation est inférieure à ce qu'ils peuvent produire eux-mêmes grâce à des énergies renouvelables, avec l'utilisation de panneaux photovoltaïques par exemple... Cette énergie excédentaire peut dès lors être valorisée pour d'autres applications. On peut, par exemple, imaginer des îlots, des groupes de bâtiments, dans lesquels on pourra la mutualiser. Cela pose évidemment des problèmes juridiques – comment pourrai-je vendre de l'énergie à mon voisin ? Si l'on reprend la question du photovoltaïque, il s'agit d'une production intermittente – il ne produit que lorsqu'il y a du soleil et pas la nuit. L'énergie devra donc être stockée, ce qui est difficile. Il faudra pourtant le faire de plus en plus, avec des systèmes adossés à des centrales de production ou installés chez l'habitant, grâce à des batteries, comme cela existe déjà au Japon. On peut aussi envisager des réseaux intelligents permettant de mettre en marche les chauffe-eau lorsque l'électricité n'est pas chère, ou de les arrêter dans le cas contraire...

Il faut pour cela utiliser des systèmes d'information ?

Nous expérimentons de nouveaux systèmes, mais pour l'heure nos compteurs ne sont pas encore assez intelligents. Mais il y a d'autres idées. Par exemple, les véhicules électriques pourraient servir de moyen de stockage et pas seulement de moyen de transport. Lorsqu'ils ne fonctionnent pas, on peut utiliser l'énergie qu'ils contiennent au moment où l'électricité est rare et chère. Certains gestionnaires de parkings étudient déjà cette possibilité.

Est-ce que ne se dessinent pas, également, de nouvelles conceptions de la mobilité ?

Oui, c'est ce que nous appelons la mobilité durable. On le constate : la place de la voiture en ville a beaucoup changé en quelques années. Elle reste évidemment un objet important de liberté, de statut social, mais son image s'est beaucoup dévalorisée. De nombreuses personnes sont désormais prêtes à passer à une autre formule à condition de gagner du temps et de l'argent. On peut imaginer des moyens de transport « interopérables », avec des véhicules partagés ou en libre-service, ou la possibilité de passer facilement d'un moyen de transport collectif à un autre avec des moyens de paiement uniques. De nombreux projets également concernant ce que l'on appelle les « TQM », autrement dit, « tricycles et quadricycles à moteur ». Il s'agit de machines électriques qui sont entre la moto et le quatre-roues classiques. On imagine aussi des services associés comme les « Autolib' » par exemple. Les idées varient d'un pays à l'autre. La France joue, par exemple, beaucoup la carte du véhicule électrique parce qu'elle dispose d'une énergie peu carbonée. Ce qui n'est pas le cas de l'Allemagne, où l'on utilise plus le charbon.

Tout ce que vous décrivez là implique de profonds changements de mode de vie ?

Les technologies constituent des facteurs forts de changement de modes de vie, et il ne faut pas les envisager seulement comme une contrainte. Après tout, éviter de chercher une place de stationnement pendant des heures peut simplifier l'existence. De nouveaux services émergent, mais ils posent la question des opérateurs. Dans le domaine de l'intelligence de la maison, par exemple, les grands fournisseurs d'électricité sont déjà dans la course, mais également les vendeurs d'équipements, les opérateurs téléphoniques – il y aura non seulement des compteurs, mais aussi des box intelligentes. Tous ces changements risquent de bouleverser l'organisation de l'économie en général. Actuellement, la moitié des émissions de CO_2 d'un ménage réside dans les déplacements et le bâtiment. Le reste se situe dans son panier lorsqu'il va faire ses courses parce

Les technologies

ne visent pas, par nature, à accentuer les disparités sociales, mais elles ne sont pas capables non plus de résoudre spontanément ce problème. Il s'agit bien d'une question politique.

qu'il a fallu produire et transporter ce qu'il va consommer. Derrière tout cela, il y a les industries, les services et les transports de marchandises. Les entreprises doivent donc produire mieux les mêmes produits. Cela n'empêche pas que nous pouvons prendre en compte, individuellement, l'impact écologique de ce que nous consommons. Par exemple, l'une des décisions du Grenelle de l'environnement consiste à développer l'étiquetage concernant la part de CO_2 incorporée dans les produits de consommation. Nous pensons qu'il faut d'ores et déjà orienter nos modes de vie sans attendre le développement des technologies.

Mais n'est-ce pas, au bout du compte, au-delà des changements dans les modes de vie, toute une organisation sociale qu'il faudrait revoir ?

régulation éclairée

Nous incitons, par exemple, les citoyens à se déplacer différemment, ou à mieux isoler leur maison, mais il faut s'assurer que ces solutions sont accessibles à tous. Tout le monde pourra-t-il s'offrir une box intelligente capable de réguler la consommation d'énergie ? Ce n'est pas certain. Dans notre feuille de route consacrée à ce sujet, nous avons évoqué ce que nous appelons la « régulation éclairée ». Concrètement, si nous vivions dans un système énergétique totalement dérégulé, les gens qui habitent dans la Creuse paieraient l'électricité plus cher parce qu'elle est plus onéreuse à acheminer qu'en zone urbaine. Le problème de l'accès à ces solutions est posé, d'autant que certains ne peuvent déjà pas s'offrir un niveau de confort minimal. En fait, nous aurons besoin de ces services pour tout le monde au nom de l'efficacité générale, d'où la nécessité d'une régulation. Les technologies ne visent pas, par nature, à accentuer les disparités sociales, mais elles ne sont pas capables non plus de résoudre spontanément ce problème. Il s'agit bien d'une question politique.

Si l'on prend l'exemple du bâtiment, les choses bougent lentement car les propriétaires hésitent à investir dans l'isolation de leur bien…

Le problème réside dans le fait que le propriétaire n'est pas incité car il ne peut pas augmenter son loyer à la suite de travaux qu'il a effectués. Nous travaillons donc à définir un mécanisme lui permettant de pouvoir le faire en fonction des économies réalisées par son locataire, mais ce n'est pas simple car il faut s'assurer que celles-ci seront réellement constatées. Si le locataire se dit : je peux consommer plus, cela ne fonctionnera pas. Nous cherchons donc à définir des mécanismes permettant un diagnostic avant et après les travaux. On pourrait proposer que, si tel type de travaux baisse la facture du locataire de 30 %, le propriétaire puisse augmenter le loyer de 15 %. De cette façon, nous serions à peu près sûrs que le locataire serait, lui aussi, gagnant. Parallèlement, nous développons des outils comme les prêts à taux zéro ou le crédit d'impôts, les ménages à bas revenus pouvant conjuguer les deux.

Mais, d'une façon générale, ces investissements ne sont-ils pas antinomiques avec la crise dans laquelle nous nous trouvons ?

Je pense qu'entre la crise économique et la crise écologique, il y a des points communs liés à ce que j'appelle le « court-termisme » et à la financiarisation de l'activité économique. Autrement dit, si nous ne sommes pas capables de nous situer dans un horizon de long terme, nous ne pourrons pas faire face aux questions de l'énergie et du CO_2. Le rapport de l'économiste anglais Nicholas Stern – consacré à l'économie du réchauffement climatique – démontre que nous avons intérêt à réaliser tout de suite des réductions d'émissions même si elles nous coûtent de l'argent. Cela concerne les États mais aussi la finance et les entreprises. Je me souviens qu'au début des années 1980 toutes les grandes sociétés du domaine de l'énergie employaient des équipes de

prospective

recherche et de prospective dont les travaux étaient consacrés au long terme parce que les investissements – nucléaire, réseaux – étaient très lourds après le deuxième choc pétrolier. J'ai été frappé par la réduction progressive de ces équipes. On a alors assisté à des changements impressionnants : ceux qui décidaient n'étaient plus les économistes qui pensaient à long terme, mais les financiers.

D'autant plus que durant ces années-là se préparait la privatisation du secteur ?

Il est évident que c'est allé de pair, même si la mise en concurrence des monopoles ne constitue pas forcément un handicap et peut être, au contraire, un facteur d'efficacité. En revanche, ce qui est frappant, c'est la croyance que le marché pourrait tout régler et que, de ce fait, il serait inutile de penser à long terme. Le marché est essentiel, mais il n'est qu'un instrument, il ne constitue pas une finalité. Cela dit, cette conception se modifie avec la crise actuelle. À la suite du Grenelle de l'environnement, l'ADEME a été dotée d'un fonds de 325 millions d'euros pour aider les entreprises à lancer des recherches dont l'objectif est d'expérimenter les technologies nouvelles, même si les marchés n'émergent pas tout de suite. Nous l'avons mis en place en 2008 et, en un an – avec des appels à projets que nous finançons à hauteur de 40 % –, plus de 1 milliard d'euros de projets de recherche ont été déposés. Voir ainsi des entreprises, en pleine crise économique, expérimenter des technologies dont les marchés ne se créeront que dans dix ou quinze ans est très révélateur et dénote un changement stratégique. Derrière, il y a probablement une prise de conscience et aussi une crainte d'être écarté des marchés de ces technologies vertes considérées mondialement comme un facteur de croissance. Par exemple, le nombre d'entreprises chinoises fabriquant des capteurs solaires a été multiplié par 10 en trois ans. Tout cela va constituer un enjeu de sortie de crise.

Mais n'y a-t-il pas le risque de voir se former une « bulle verte » ?

On a effectivement lu ici ou là qu'il y aurait un risque de bulle verte comme il y a eu celle des TIC. Mais il faut avoir à l'esprit l'enjeu de la réduction des émissions de gaz à effet de serre d'un facteur 4 pour 2050. Nous ne sommes pas du tout dans le contexte de la bulle des TIC. Nous n'allons pas dire, dans trois ou quatre ans : les technologies vertes, c'est fini, on va revenir au pétrole ! Il s'agit aujourd'hui d'un vrai enjeu politique. Qu'est-ce qui crée en effet les marchés de technologies vertes ? C'est la régulation publique, par exemple, à travers des directives européennes qui font écho à Kyoto et à Copenhague. Bien sûr, la prise de conscience existe, mais elle est tout de même aiguillonnée par ces politiques publiques. Après Copenhague, je n'ai jamais entendu un seul industriel français dire : « C'est un échec et nous allons nous détourner des technologies vertes. »

Dans ce contexte, les nouvelles technologies constituent-elles un facteur d'optimisme ?

Oui, car, grâce aux nouvelles technologies, la société peut envisager des changements profonds sans être obligée de revenir à la bougie. Mais j'insiste sur le fait qu'elles devront s'accompagner de profonds changements de modes de vie et de valeurs. Certains prônent déjà une certaine frugalité et font le choix d'une croissance différente. Nous apprenons à penser d'une façon moins unilatérale. Auparavant, nous avions tendance à croire que la solution résidait dans une seule source d'énergie (énergies renouvelables ou nucléaire). Or, aucune option n'est parfaite. Toutes les énergies renouvelables ont aussi leurs inconvénients. Certaines d'entre elles sont d'ailleurs maintenant vilipendées comme les biocarburants par exemple. Mais il ne faut pas s'enfermer dans le tout ou rien. Dire que les biocarburants sont ou ne sont pas la solution conduit à une impasse. Il faut au contraire se demander dans quelle mesure on peut les utiliser et dans quelles conditions. Une autre possibilité consiste à stocker le CO_2. Nous soutenons des recherches sur ce sujet, ce qui ne veut pas dire qu'il faille déployer cette option sans examiner si elle est acceptable, dans quelles proportions et à quelles conditions.

Mais ne sommes-nous pas dans une configuration digne du docteur Folamour: on va continuer à produire du CO_2 pour le stocker sous terre ensuite?

Oui, mais le problème est que nous avons un virage à prendre. Nous pouvons très bien nous trouver dans dix ans dans une situation où le réchauffement produira des effets tellement rapides que nous regretterons de n'avoir rien fait. Le stockage du CO_2 peut constituer l'une des réponses transitoires, mais personne ne dit qu'il s'agit d'une option à long terme. Intellectuellement, la solution n'est ni complètement satisfaisante, ni pérenne mais il s'agit de prendre un virage.

Et le nucléaire?

Le nucléaire constitue une technologie qui a des avantages, en particulier celui de ne pas émettre de CO_2. Mais la question des déchets est loin d'être résolue. La prolifération est également un problème très important. Cette énergie rencontre également des problèmes d'acceptabilité dans certains pays.

Les changements de modes de vie restent donc la clé de voûte de l'affaire?

Nous essayons d'ailleurs d'avoir une vision de ce que pourraient être de nouveaux modes de vie. De ce point de vue, nos groupes de travail sur la prospective sont beaucoup plus productifs lorsque la composante sociétale est forte. On parvient alors à produire des images contrastées et intéressantes qui donnent lieu à une réflexion sur les choix de société. Paradoxalement, lorsqu'il s'agit de problématiques purement techniques, on a plus de mal à se mettre d'accord sur une vision commune.

Mais on peut également retrouver les nouvelles technologies dans ces changements de modes de vie ?

Ces technologies vont à chaque fois s'accompagner de modifications de modes de vie. Mais si elles ont leur dynamisme propre, elles nécessitent une pensée. Dès lors, on voit bien que cela interpelle le politique. C'est de cette confrontation des visions collectives à long terme que naîtront les innovations.

visions
collectives

La fin d'un monde sans limites

Les questions ont commencé lorsque l'homme a pensé qu'il était extérieur à la nature et qu'il devait s'en rendre maître et possesseur. Aujourd'hui, on sait que ce monde n'est pas sans limites et qu'il va falloir en économiser les ressources si nous voulons qu'il demeure vivable pour nos enfants. Pour Jean-Marie Pelt, pharmacien agrégé, botaniste et écologiste, fondateur de l'Institut européen d'écologie et auteur d'une *Petite histoire des plantes: carnet de bord d'un botaniste engagé*[1], la préservation de notre planète passe, entre autres, par un bon usage des technologies.

Les nouvelles technologies ont-elles une part de responsabilité dans les problèmes nouveaux que rencontre l'homme dans ses rapports avec la nature?

Dans les rapports de l'homme et de la nature, il y a eu une rupture majeure à la Renaissance. Nous sommes alors sortis d'une vision sacralisée de la nature pour passer à un regard utilitaire. Avec Descartes, la nature devient un matériau inerte. Elle n'est plus un lieu de rencontre avec le divin comme cela l'avait été pendant un millénaire. Durant cette

1 Carnets Nord, 2009.

longue période, on considérait qu'il y avait deux chemins pour rencontrer Dieu, la Bible, évidemment, et la nature au travers de laquelle on perçoit la beauté de l'œuvre divine. Ensuite, il n'est resté qu'une nature que l'on va exploiter. Le problème, c'est que nous l'avons fait en tant qu'exploiteur et non en tant qu'exploitant, et cela a conduit à un déséquilibre.

Cela signifie-t-il que l'esprit scientifique, avec Descartes, porte la responsabilité de ce déséquilibre ?

En partie, oui. Avec Descartes, nous affirmons notre volonté de devenir maîtres et possesseurs de la nature. Nous n'en sommes donc plus partie prenante et nous allons l'utiliser à notre profit. C'est cela la grande révolution de la Renaissance. Cette vision prend toute sa dimension avec le développement de l'ère industrielle aux XVIIIe et XIXe siècles alors que les moyens techniques deviennent de plus en plus puissants. Évidemment, cette vision a permis le progrès scientifique et technique, mais en oubliant de poser à temps le problème des limites. Jusqu'où peut-on aller ? C'est la question qu'a d'emblée posée l'écologie.

Quand la question des limites a-t-elle été posée ?

Elle a été posée avec l'émergence de l'écologie sociétale dans les années 1960. L'écologie scientifique l'avait posée différemment un siècle plus tôt. Elle se définissait alors comme la science des relations des organismes avec le monde environnant. Un siècle plus tard, l'écologie politique a émergé avec le mouvement hippie, la mode indienne, la dénonciation du consumérisme. Ce mouvement a posé pour la première fois la question des limites. Cette vision nouvelle a été reprise avec force dans un rapport du MIT de 1970 intitulé « Halte à la croissance ? ». Celui-ci indiquait déjà les quantités de minerai disponibles et prévoyait la date de l'épuisement des ressources. En réalité, il donnait une vision un peu pessimiste mais l'idée était juste – il est vrai que, dans quarante ans, il n'y aura plus de pétrole. Le propre du message écologique réside dans cette conscience des limites. Il faut faire de telle manière qu'il reste quelque chose pour nos enfants. C'est toute la démarche du développement durable.

Les rapports entre la technique et l'écologie sont-ils d'emblée des rapports compliqués ?

Pas forcément. La technique peut être inspirée de problématiques écologiques. En matière d'énergie, on développe des technologies nouvelles pour remplacer les énergies fossiles. Il y a, dans ce domaine, un bond en avant technologique qui va tout à fait dans le sens de l'écologie. Il n'y a donc pas *a priori* antinomie. Ce qui est en cause, c'est la finalité. Tous les hommes politiques disent, par exemple, qu'il faut développer l'innovation et la recherche. Mais si l'innovation consiste à fabriquer des fourchettes à cinq dents, c'est inutile. En revanche, si c'est pour remplacer le pétrole, c'est extrêmement urgent... Dans le domaine des combustibles fossiles, il faut changer la donne, non seulement parce qu'ils dégagent du gaz carbonique, mais surtout parce que les ressources s'épuisent. Il est très étonnant de constater que l'on raisonne davantage sur le gaz carbonique que sur le tarissement des ressources ! C'est d'abord cela qui doit nous conduire à consommer moins, la diminution du gaz carbonique n'en est que la conséquence !

Comment analysez-vous les causes de cette non-conscience des limites durant trois siècles ? Pensez-vous que les progrès technologiques soient en cause de ce point de vue ?

La raison principale réside dans le productivisme et le consumérisme conçus au premier degré. L'idée que, pour être heureux, il faut consommer de plus en plus s'est imposée : plus on produit, plus on consomme, et plus on est heureux... De ce principe est sortie ensuite une inversion bizarre qui consiste à dire : il faut consommer pour pouvoir produire, sinon on met des gens au chômage. Le serpent se mord la queue. Une redéfinition des rapports entre la consommation et la production s'impose. Il faudra certainement produire plus de services à la personne et moins d'objets superflus.

Ce monde sans limites vient donc plus d'une vision des rapports de l'homme à la nature que des techniques elles-mêmes ?

Il vient de la conception selon laquelle le progrès engendre le bonheur des hommes. Au premier degré, c'est juste. Évidemment, si l'on n'a pas de quoi se nourrir, se vêtir, se soigner et se loger, on n'est pas heureux. Au deuxième degré, cela ne l'est plus. L'argent ne fait pas le bonheur, mais quand on n'en a pas, cela fait le malheur ! La question des limites est une nouvelle fois posée. Dans la notion de bonheur, il y a les besoins élémentaires qui doivent être satisfaits. Mais, au-delà, les besoins affectifs et spirituels jouent un rôle très important alors que l'économie ne les prend pas en compte. Cette conception du progrès a eu tendance à être totalisante dans nos sociétés, à jouer un rôle si primordial qu'il en est devenu presque exclusif.

Du point de vue des rapports de l'homme et de la nature, où en sommes-nous aujourd'hui ?

Nous sommes arrivés à une phase d'usure de la nature. Elle se manifeste concrètement par l'érosion des ressources. Par exemple, les océans se vident de poissons. Cette mise en garde n'a rien à voir avec la revendication d'un ayatollah de l'écologie que je ne suis pas du tout. Il s'agit d'un fait objectif. Pour illustrer mon propos, je vais vous conter une anecdote. En Alaska, il y a des loutres dont le nombre diminue très rapidement bien qu'elles soient protégées. On a bien sûr voulu savoir et comprendre pourquoi, et on s'est aperçu que les terribles orques les mangent. Le phénomène était lié indirectement à la diminution du poisson du fait de la surpêche. La prolifération d'oursins que les loutres avaient l'habitude de manger a accéléré le phénomène. Les oursins sont des brouteurs qui se nourrissent d'algues. Or, c'est dans les bancs d'algues que croissent les alevins, et dans lesquels se régénère la faune marine… Il y a donc moins de poissons, ce qui explique que les orques mangent les loutres. La boucle est bouclée. Voilà l'exemple type d'une chaîne alimentaire que l'on a rompue. L'usure des ressources se voit également dans les régions tropicales où l'on assiste à une réduction des zones forestières et humides – pour récupérer des sols cultivables – avec une perte de biodiversité très importante.

Il y a également le phénomène de l'urbanisation ?

L'urbanisation prélève énormément de sols utiles à l'agriculture : 700 km^2 en France, c'est-à-dire la surface d'un département tous les huit ans ! L'usure des sols est également très inquiétante. Les teneurs en humus régressent au fur et à mesure que l'on utilise des engrais chimiques, censés remplacer la fertilisation naturelle. La Beauce a perdu 30 % de son humus en cinquante ans. Si bien que, si on décidait de ne plus utiliser des intrants chimiques, la productivité chuterait très fortement ! Tous ces exemples vont dans le même sens : ils montrent qu'il y a une fatigue, une usure de la nature.

Alors, qu'en est-il de la biodiversité en général ?

La biodiversité en France souffre énormément des intrants de l'agriculture et en particulier des insecticides et des herbicides. Ces derniers ont fait disparaître les petites fleurs sauvages qui nourrissaient les abeilles. Celles-ci sont donc dénutries. Une étude récente de l'INRA vient de montrer qu'elles ont besoin d'un régime alimentaire diversifié dont elles ne bénéficient plus. Lorsque vous regardez un tableau impressionniste, vous voyez la moisson piquetée de bleuets, de coquelicots, de spéculaires. Aujourd'hui, le même tableau serait tout jaune. Il n'y a plus rien. Nous assistons à une régression très importante que l'on exprime moins en termes d'espèces qu'en termes de population. Les espèces sont encore là, mais il n'y a plus grand monde. Les bleuets

Pour beaucoup de personnes, Internet signifie que tout est permis et que tout est gratuit. Je suis en profond désaccord avec cette approche.

n'existent pratiquement plus, et il n'y a presque plus ni luzerne ni trèfle parce que le maïs les a supplantés. Pour revenir aux abeilles, elles sont non seulement dénutries, mais elles sont victimes des insecticides. Comme elles sont mal nourries, leur immunité est affaiblie ; elles sont plus sensibles à ces produits chimiques et elles attrapent toutes les maladies. Si je parle des abeilles, c'est parce qu'elles sont proches de nous, parce qu'elles nous donnent le miel. Mais on peut imaginer qu'il existe des situations comparables pour d'autres insectes que nous ne surveillons pas. Il s'agit de la partie émergée de l'iceberg. On sait que, paradoxalement, les abeilles se portent mieux en ville qu'à la campagne parce que les municipalités n'utilisent plus de pesticides. Les Allemands ont d'ailleurs fait des études très intéressantes sur ce sujet. Ils en sont arrivés à la conclusion que, dans des villes comme Munich ou Berlin, il y a beaucoup plus de papillons que dans les terrains alentour. C'est le monde à l'envers.

Ce constat est assez peu connu finalement ?

Oui, parce que dans le domaine de l'écologie, la voix des zoologistes est plus présente que celle des botanistes. Et puis, les animaux nous touchent plus que les plantes. Si une petite plante disparaît, on s'en fiche, mais si c'est l'ours polaire, c'est affectivement le nounours qui s'en va.

Quels sont les enjeux au bout du compte ?

Lorsque la biodiversité diminue, les grands équilibres naturels sont rompus. Les espèces qui disparaissent servent toutes à l'équilibre des écosystèmes. Il n'y a aucune espèce qui ne sert à rien. Il y a vingt ans, le manioc était atteint d'une maladie cryptogamique qui menaçait de le faire disparaître. On l'a sauvé en le croisant avec un manioc sauvage qui, lui, était résistant. On a sauvé le manioc grâce à une espèce qui ne servait à rien. Le même phénomène s'est produit aux États-Unis avec les avocats.

L'homme peut-il être lui-même menacé?

Revenons au cas des abeilles. Elles pollinisent les arbres fruitiers et beaucoup de légumes. Une perte de pollinisation comme on peut la constater actuellement fait diminuer la productivité des arbres fruitiers. Or, les fruits et légumes sont les seuls éléments contenant des antiradicaux libres qui protègent les tissus contre la dégénérescence, par exemple contre la cataracte, le cancer, les maladies neurodégénératives, etc. Il y a donc un risque de voir flamber le nombre de cancers. Il existe en fait une chaîne de protection: la biodiversité protège les abeilles qui nous protègent. Tout est lié.

À tout cela, il faut ajouter la question de l'effet de serre...

Le climat a toujours été le domaine des géographes et des naturalistes. Mais ceux-ci ont perdu leur aura au profit des chercheurs en biologie moléculaire. L'approche aujourd'hui est plutôt informaticienne et mathématique; on travaille beaucoup sur les modèles. Ce qui pose la question importante de la pertinence du modèle par rapport au réel. Prenons un exemple très précis: j'ai des amis qui habitent à Cannes et qui, depuis quinze ans, m'invitent à manger sur leur balcon à Noël. Depuis trois ans, ils ne me le disent plus parce qu'il fait mauvais! L'œil du naturaliste, qui voit comment cela se passe dans le réel, est fondamental. En d'autres termes, il faut que le modèle soit confronté au discours de celui qui observe. Ce n'est pas toujours le cas.

Il y aurait donc un éloignement entre ceux qui utilisent ces modèles et ceux qui observent?

Je suis sûr de cela parce qu'on ne peut tout modéliser. La biologie est tellement compliquée que l'on ne peut pas, par exemple, modéliser l'avenir d'un écosystème. Je pense que l'on est imprudent lorsque l'on confie la prévision à la seule modélisation informatique, en faisant crépiter les ordinateurs. La prévision est quelque chose de très complexe, nécessitant des interactions entre plusieurs types d'approches, notamment celle des observateurs. Malheureusement, actuellement, l'observateur est mal vu. Pourtant, des milliers de scientifiques observent les écosystèmes et suivent la population de loutres dont nous parlions tout à l'heure. Ils ne sont pas en odeur de sainteté, ils n'ont pas d'argent pour leurs recherches. Au bout du compte, le tout informatico-mathématique peut nous décaler de la réalité qui est immensément complexe. Nous n'avons pas tous les paramètres. C'est la raison pour laquelle il est désolant que les observateurs soient aussi peu pris en considération, parce qu'il pourrait s'opérer un retour du modèle vers l'observation.

N'y a-t-il pas un problème de culture générale chez les scientifiques ?

Il ne faut pas former de scientifiques en leur disant qu'ils sont dans les sciences dures – maths, informatique, physique – et que Charles Quint ou les bleuets n'ont aucune importance. Il faut au contraire qu'un scientifique ait une vraie culture générale. On ne peut se passer de celle-ci. Son absence empêche les disciplines de s'interféconder. J'étais récemment dans une grande école pour faire une conférence. Pour la première fois, j'ai été brusquement interpellé par des étudiants qui m'ont dit : vous ne nous dites pas ce que l'on devrait faire, vous êtes dans les idées générales, la philosophie, on s'en fiche ! En fait, ils sont instrumentalisés par une approche purement mathématique et informatique qui ne recherche que la seule et unique voie qui donne une solution. Ce manque de recul est aussi le résultat du culte de l'efficacité... Mais, pour être efficace, il faut savoir où l'on va, et pour le savoir, il faut de la culture. Cela nous amène à la question du bon usage de la technologie. Ceux qui l'utilisent doivent se poser en urgence la question : comment en faire un bon usage ?

Alors, qu'est-ce que le bon usage ?

Je parlais, il y a peu, avec un membre de l'Académie des sciences, Yvon Le Maho. Ce grand savant étudie les manchots empereurs de l'Antarctique. Au retour de l'une de ses missions, il a dû passer un mois sur le bateau du retour. Avec Internet, il a pu continuer à travailler. Cet imprévu lui a permis de mesurer combien la technologie lui avait rendu service. Voilà un bon usage. Mais comment faire pour que les bons usages soient soigneusement développés et que les mauvais tombent en désuétude ? En fait, je ne crois pas que l'on puisse se passer d'une moralisation d'Internet et d'une régulation. L'idée que la liberté serait liée à Internet est une idée fausse. Nous ne pouvons pas accepter un système dans lequel n'importe qui peut dire n'importe quoi. Ce n'est pas possible... Un jour, lors d'une conférence, quelqu'un m'a demandé pourquoi je m'étais inscrit à l'UMP ! J'étais très surpris car je ne suis membre d'aucun parti et j'ai demandé d'où venait cette information. On m'a répondu qu'elle était sur Internet ! C'est inacceptable. Il ne peut pas y avoir des zones quasi planétaires de non-droit. Pour beaucoup de personnes, Internet signifie que tout est permis et que tout est gratuit. Je suis en profond désaccord avec cette approche.

Internet a pourtant des côtés positifs ?

Si je veux savoir combien d'épouses a eu Henri VIII, je clique au lieu d'aller dans une encyclopédie. Il s'agit d'une source prodigieuse d'informations, mais toutes ne sont pas fiables. Je lisais récemment sur un site que les dinosaures ont disparu il y a 650 000 ans. C'est idiot ! Mais pourquoi y a-t-il un idiot qui a mis cela sur Internet ? Cela ne me gêne pas parce que je suis capable de faire des recoupements, mais le premier gamin venu ne les fera pas. Il faudrait peut-être imaginer une hiérarchisation des sites. Certains cherchent moins, et ils n'ont plus une vision critique des choses, ce qui interroge notre société en général.

N'y a-t-il pas aussi une question de culture générale par rapport à un outil culturel dont il faut savoir se servir ?

Tout à fait, et l'on revient à la question du bon usage... Je ne pense qu'il puisse exister un univers sans règle. Je trouve également très inquiétant que Google ou un autre devienne le maître du monde. Il s'agit de puissances qui dépassent les États. Je le répète, ce monde devra être régulé et moralisé. Nous sommes confrontés là à des questions politiques et éthiques.

bon usage

"

Et si le Web 2.0 menait la lutte contre le réchauffement ?

« Notre idée, c'est qu'une approche par les nouvelles technologies dans la guerre contre le réchauffement peut transformer la nature de la lutte. » explique Tim Rayner, philosophe et écrivain néerlandais.
L'idée est simple : de même qu'il a été possible, en faisant travailler ensemble des milliers d'internautes sur des logiciels comme Linux ou sur une encyclopédie comme Wikipédia, pourquoi ne pas appliquer la méthode à la lutte contre le réchauffement climatique, en partageant les connaissances sur cette menace, les outils et les innovations pour la combattre ?
L'objectif de "The Coalition of the Willing" est de regrouper une communauté d'internautes en vue de la création du Green Knowledge Trust, un site sur le modèle de Wikipédia, et d'une plate-forme innovante que le philosophe appelle un Open Innovation Center, dont le prototype a déjà été réalisé.
Avec ces sites, les gens "pourraient partager des informations pratiques et des stratégies d'adaptation face au changement climatique." "

Extrait d'un article de *Rue 89*, Lucie Crisa, 13 avril 2010

Modes de vie et société :

un nouveau monde

à la rencontre des réseaux réels et virtuels

Depuis quelques années, sans qu'on s'en rende vraiment compte, la révolution numérique accélère son pas et, chaque jour un peu plus, nous invite à prendre place dans un nouveau monde, né de l'ordinateur et des réseaux dans la deuxième moitié du siècle dernier. Ordinateurs connectés, réseaux intelligents, Internet des objets, les mutations qu'engendrent les technologies de l'information et de la communication rencontrent (ou suscitent ?) les aspirations de nos contemporains pour un nouveau contrat social et environnemental.

De nouveaux paradigmes se dessinent... Saturée par l'hyperconsommation, notre société prend conscience de ses excès, fait l'éloge de la mesure et rêve de partage. Aux cloisonnements et discontinuités hérités de la société industrielle, elle veut substituer la fluidité, la légèreté, la gratuité et même l'ubiquité rendue possible par les technologies. Dans un monde à la fois réel et virtuel, l'individu se vit comme citoyen du monde, tantôt relié aux autres, tantôt dilué dans des communautés, mais toujours débarrassé d'un collectif enfermant qu'il n'aurait pas choisi.

Les plus pessimistes voient là une menace d'individualisation qui, à l'extrême, peut conduire à une solitude de masse. Tout comme pléthore d'informations ne rend pas plus intelligent, pléthore d'amis virtuels ne rend pas plus heureux, c'est vrai. Pour ma part, je suis optimiste car, malgré sa marche chaotique, l'humanité est en recherche constante d'amélioration et trouve toujours une partie des réponses dans les technologies. Aujourd'hui, celles-ci ouvrent des horizons nouveaux. Saurons-nous faire les bons choix pour conquérir le monde hyperconnecté qui s'offre à nous ?

Vers l'économie des effets utiles

La crise du système capitaliste est aussi celle de l'hyperconsommation et celle de la croyance dans le progrès. Une remise en cause qui se nourrit des changements profonds affectant nos sociétés, en particulier l'individualisation qui a permis à l'être humain d'être libre mais qui l'a laissé dépourvu face à la complexité du monde. Pour Philippe Moati, professeur d'économie à l'université Paris-Diderot, directeur de recherche au CRÉDOC[1], économiste et coordonnateur de *Nouvelles technologies et modes de vie, aliénation ou hypermodernité*[2] *?*, la solution passe très certainement par la mise en œuvre d'une économie des effets utiles. Et, pour cela, nous avons besoin des nouvelles technologies.

Vous vous intéressez beaucoup aux transformations du capitalisme. Pouvez-vous nous préciser dans quelle optique ?

Je m'intéresse beaucoup au monde du commerce puisqu'il est à l'interface de la production et de la consommation et qu'il constitue une fenêtre d'observation spectaculaire sur les transformations du capitalisme.

1 Centre de recherche pour l'étude et l'observation des conditions de vie.
2 Éditions de l'Aube, 2005.

Mon approche nécessite une ouverture à d'autres disciplines que la mienne, c'est-à-dire la psychologie et la sociologie. Je suis ce qu'on appelle un économiste multidisciplinaire.

Comment peut-on caractériser ces changements ?

On a assisté à la poursuite d'un processus d'individualisation, de très longue durée, qui a fait exploser la notion même de société. En d'autres termes, on est passé d'une structure composée de grandes classes sociales, confortée par une économie de masse, à quelque chose que certains appellent une « société de personnes ». Les typologies que nous faisons désormais sont de plus en plus fines et plus instables parce que l'individu a acquis un degré supplémentaire d'autonomie et de liberté. Le conditionnement social, même s'il existe toujours, s'est relâché. Les besoins de base étant satisfaits, la consommation est plus complexe, plus hétérogène avec le renforcement des ressorts psychologiques, par exemple des besoins de construction identitaire. Parallèlement, on assiste à la crise de la notion de progrès. La société occidentale a vécu depuis la Renaissance sur la certitude que nous allions toujours vers un mieux. Or, depuis environ une vingtaine d'années, les gens n'y croient plus. On assiste au revers de la médaille du processus d'individualisation : les individus se trouvent seuls pour affronter un monde complexe, sans pouvoir s'appuyer sur les grandes grilles de lecture qui les avaient guidés par le passé.

Il y aurait donc une certaine solitude aujourd'hui ?

Je ne le dirais pas comme cela. L'individu a toujours besoin des autres, mais si, dans le passé, ceux-ci s'imposaient à lui, aujourd'hui, c'est lui qui les choisit. Je parlerai donc plutôt d'individu relié. En revanche, il affronte plus seul que par le passé la complexité du monde et l'incertitude qui l'entoure. L'impression dominante est que les moyens de réponse ne sont pas à la hauteur des enjeux, et cela provoque une certaine angoisse.

Je n’attribue

pas de rôle autonome

aux technologies,

je pense qu’*a priori*

elles sont neutres.

Quels sont ces risques globaux ?

D'abord, l'environnement, le changement climatique, l'épuisement de la biodiversité, mais aussi le contexte géopolitique. Finalement, l'affrontement des deux blocs Est-Ouest avait quelque chose de rationnel. Aujourd'hui, avec Al-Qaida, nous sommes confrontés à une entité invisible qui échappe à notre technologie high-tech et dont on est incapable de venir à bout... Il y a également le risque économique. On pensait maîtriser l'économie – et surtout l'aspect le plus high-tech de celle-ci, la finance – mais on s'aperçoit qu'elle échappe aujourd'hui à ses créateurs.

Parlons donc des technologies...

Elles ont longtemps été synonymes de bien-être, d'affranchissement des contraintes. Mais, aujourd'hui, on les perçoit de plus en plus sous l'angle des menaces qu'elles peuvent générer. Peut-être est-ce notre regard qui a changé ? C'est très probable. Mais, chaque jour, on découvre que des choses supposées être au service de l'homme comportent une face sombre génératrice de danger. Ce phénomène est lié à la mise en doute du progrès.

Comment analysez-vous le développement de ce phénomène d'individualisation, et à votre avis, les technologies nouvelles ont-elles joué un rôle dans celui-ci ?

Je voudrais faire une mise au point méthodologique. Je n'attribue pas de rôle autonome aux technologies, je pense qu'*a priori* elles sont neutres. Lorsqu'une technologie émerge, le champ des possibles qui lui est associé est considérable. La vraie question est de savoir pourquoi c'est cette trajectoire-là qui a émergé. Je pense qu'il s'agit surtout d'une question d'appropriation par les acteurs économiques et sociaux. L'individualisation latente conduit à des formes d'utilisation des technologies qui, en retour, la renforcent. Autrement dit, si je veux

comprendre le développement des technologies, je préfère regarder du côté du champ économique et social.
De ce point de vue, la manière dont les gens se sont approprié les technologies de l'information est tout à fait symptomatique et illustre bien toute l'ambiguïté de l'époque contemporaine. Elles ont été un instrument au service de l'individu hypermoderne, en quête de structuration de son identité et de maîtrise de soi et de son environnement. Par exemple, les blogs ou les réseaux sociaux constituent à la fois un instrument de créativité et d'affirmation de soi. Parallèlement, les éléments postmodernes liés à la crise du progrès nous ramènent parfois à des dimensions collectives. Ce phénomène est lié à la condition de l'homme hypermoderne qui doute du lendemain. Une enquête européenne réalisée au printemps de 2008 montre que 82 % des Français pensent que leurs enfants auront une vie moins bonne que la leur ! On vit donc de plus en plus dans le présent. Tout cela peut conduire à un certain retour du collectif.

Quelle forme peut prendre ce retour du collectif ?

Il y a d'abord un collectif hypermoderne. C'est typiquement celui du cadre dynamique sachant gérer ses réseaux dans une démarche stratégique. Il y a également un collectif postmoderne. C'est le retour des communautés dans lesquelles l'individu se dilue pour retrouver une certaine sécurité, quitte à renoncer à une part de sa liberté. On peut donner l'exemple des jeunes qui se fondent dans le clan. Ou celui d'un certain retour à l'intégrisme religieux qui fournit une vision du monde, des perspectives d'avenir et un mode d'emploi de la vie rassurant pour l'individu. C'est un phénomène marginal mais symptomatique qu'il faut surveiller. De même faut-il se méfier de la tentation électorale du sauveur… Pour être un peu provocateur, je dirai que certaines formes d'écologie conçues comme une grille de lecture du monde, une perspective d'avenir, une conduite

quotidienne, une forme de réseau social, répondent à ce genre de besoin. L'engouement pour l'écologie comporte une dimension quasi religieuse, avec des idées de retour à l'état de nature, à la terre, au paysan, au petit commerce, à tout ce qui était petit avant les dégâts du progrès.
Cette tension qui règne entre les polarités hyper- et postmodernes dans la société contemporaine offre des clés pour comprendre les comportements de consommation, les usages des nouvelles technologies...

Pourrions-nous, dans ce contexte, revenir à la consommation et en particulier à ce qu'on appelle l'hyperconsommation ?

Nous assistons à la poursuite d'un processus « d'économisation » de la société : rien ne doit échapper à l'économie, tout doit devenir marchandise. Transformer en marché tout ce qui relève du besoin humain, quelle qu'en soit sa nature, est dans les gènes du capitalisme. L'hyperconsommation, c'est le constat qu'au fil des décennies, le marché s'étend de plus en plus.

Y compris jusqu'aux limites de l'intime ?

Effectivement. Le sexe est devenu, par exemple, un marché de masse. Durant les fêtes de Noël, on pouvait, par exemple, voir dans les abribus une publicité pour un petit canard vibrant, à 29 euros, nous enjoignant de nous faire plaisir. Rien n'échappe au marché, pour le meilleur et pour le pire. Ainsi, la consommation va-t-elle bien au-delà de la satisfaction des besoins élémentaires ; elle présente une dimension psychosociologique qui contribue à la structuration de la société et des individus. Elle est devenue la pierre angulaire de notre organisation globale. Le conditionnement de l'offre – on fait tout pour donner l'envie de consommer – titille les registres psychosociologiques parce que c'est à ce niveau que les choses se jouent.

Ce n'est pas tout à fait une nouveauté dans l'histoire du capitalisme ?

La nouveauté réside dans le fait que, dans nos sociétés, les besoins de base sont satisfaits. Si l'on veut que les marchés continuent de progresser, le marketing doit donc aborder cette dimension psycho-sociologique. En conséquence, si je me réfère à ce que je disais tout à l'heure sur la condition de l'homme moderne, la consommation remplit un vide. C'est pour cette raison que j'ai du mal à croire aux thèses de la décroissance. Je ne les trouve pas crédibles, sauf à imaginer des ruptures brutales. La place de la consommation est si importante dans le monde occidental que l'on imagine mal une économie capitaliste fonctionner sans croissance. Sur le plan sociétal, je pense que l'immense majorité des consommateurs reste profondément attachée au modèle de l'hyperconsommation.

Mais, en même temps, vous en faites l'un des éléments de la crise...

Effectivement. D'abord, le système, en se mondialisant, génère des inégalités croissantes. Nous sommes en train d'oublier ce que nous avaient appris Ford et Keynes : le système fonctionne lorsque la demande est capable d'absorber l'offre. Chaque capitaliste a intérêt à comprimer ses coûts et à maximiser ses ventes. Il cherche donc à limiter les salaires en oubliant que ceux-ci forment les débouchés. Aux États-Unis, une part très importante de la population ne profite plus de la croissance économique et s'appauvrit. En même temps, on souhaite qu'elle continue à consommer pour assurer des débouchés aux entreprises. Alors, comment résoudre la quadrature du cercle ? Par l'endettement. Les banques ont prêté à des gens qui n'avaient pas les moyens de consommer : c'est l'affaire des *subprimes*. Mais, si l'on parvenait à augmenter le pouvoir d'achat du plus grand nombre afin de relancer la demande, on reviendrait à une utilisation intensive des ressources naturelles, provoquant une hausse du cours des matières premières et des produits alimentaires – avec des phénomènes spéculatifs amplifiant le mouvement. Ce qui reviendrait à empiéter sur le pouvoir d'achat des ménages. On tourne en rond.

Quel rôle les technologies nouvelles ont-elles joué dans ce phénomène d'hyperconsommation ?

Elles ont incontestablement soufflé sur les braises. Durant les Trente Glorieuses, la consommation a été stimulée par l'automobile et les équipements ménagers... Les années 1970 et 1980 ont été, en revanche, des années de creux avec comme seules innovations le Walkman, le magnétoscope et le four à micro-ondes. Cette époque a constitué, de ce fait, l'âge d'or du marketing de paillettes qui souffle sur le désir en permanence, un désir souvent préfabriqué. Les nouvelles technologies sont arrivées à la fin des années 1990, avec un côté extrêmement attractif parce qu'elles répondaient à de nouvelles aspirations. Ce sont des technologies profondément individuelles, le téléphone portable étant, de ce point de vue, un exemple emblématique. On n'a jamais connu une diffusion aussi rapide et qui touche autant de monde.

Donc, à partir des années 2000, les nouvelles technologies jouent un rôle prépondérant dans l'hyperconsommation ?

Oui. Avec une petite ambiguïté peut-être : le décalage entre la place qu'elles prennent dans nos vies quotidiennes et leur poids économique réel. Selon l'INSEE et le CRÉDOC, elles ne représentent que 4 % des dépenses des ménages, ce qui n'est pas énorme. Cela tient, bien sûr, à la baisse de leurs prix. Cela dit, il a bien fallu leur faire une place. Les ménages ont dû faire des sacrifices ailleurs, en particulier sur les produits de consommation du quotidien, d'où le sentiment que leur pouvoir d'achat avait baissé, alors que l'INSEE affirmait le contraire...

Pourquoi la diffusion de ces technologies a-t-elle été si rapide ?

Elles ont été la réponse à une formidable attente, située au carrefour des tensions que j'évoquais tout à l'heure. Elles constituent une prothèse pour l'individu hypermoderne. Elles lui donnent des moyens de se construire, d'avoir des stratégies, de maîtriser son environnement, l'espace, le temps... Le désir de puissance de l'individu trouve en elles des outils extrêmement performants. Le côté postmoderne s'incarne dans leur capacité à être des outils de « reliance ». Il suffit de faire une balade dans le métro : des dizaines de personnes se trouvent dans un même endroit mais elles n'ont aucune interaction. En revanche, elles téléphonent, elles envoient des SMS, elles écoutent de la musique téléchargée. Chacun continue d'être dans son propre univers réticulaire, et l'unité de lieu et de temps ne crée aucun lien entre les individus. C'est frappant. Il s'agit d'une « sociabilité élective ».

“

Les nouvelles technologies représentent un enjeu clé pour le secteur de la microfinance : leur utilisation pourrait permettre de doubler le nombre de micro-entrepreneurs bénéficiaires de la microfinance pour atteindre 300 millions au niveau mondial.”

Communiqué de presse du Sommet mondial Microfinances et Nouvelles Technologies, mars 2010

Grâce aux nouvelles technologies, les consommateurs dialoguent entre eux et un contre-pouvoir est en train de se former.

Mais ce sont des communautés éphémères?
Ces communautés ne sont pas éphémères, c'est ma participation qui l'est. Je m'y rends avec l'intensité et la durée que j'ai choisies. Il n'y a pas d'engagement dans la relation.

Ces nouveaux collectifs se substituent-ils aux anciens?
Il y a effectivement eu un effort considérable pour se débarrasser d'un collectif jugé emprisonnant, le village, le collectif de travail... Aujourd'hui, l'individu préfère choisir celui-ci, et les technologies nouvelles lui fournissent un instrument extrêmement efficace pour pouvoir le faire. Il faut distinguer plusieurs niveaux de collectif. Il y a les liens avec le clan, empreints de relations intenses. La cellule familiale continue de jouer ce rôle, avec des solidarités intergénérationnelles importantes. Pourtant, elle n'est plus une structure qui s'impose à l'individu. Pour citer François de Singly, la famille, c'est devenu « libres ensemble ». Même l'ordinateur, qui a été le dernier objet collectif introduit dans les maisons, est en train de devenir un objet individuel. Chacun a son PC.
Il y a ensuite les tribus qui n'impliquent pas la totalité de la personne. C'est le cas, typiquement, des *rave parties*, chères à Michel Maffesoli : pour une durée donnée, avec des gens que je ne reverrai peut-être plus, je me fonds dans le collectif, je disparais en tant qu'individu, le temps d'une soirée. Je peux m'en retirer avec une grande facilité puisque je ne me suis pas engagé. Les technologies permettent d'étendre le champ de ce type de tribus.
Il y a enfin le lien au cosmos, à la globalité. Nous avons besoin de nous souvenir que nous sommes des humains, que nous appartenons à un écosystème. Cela peut être le sentiment national qui resurgit, par exemple, avec la Coupe du monde de foot, le Paris d'Amélie Poulain ou le Nord des Ch'tis... On retrouve ce phénomène aussi dans l'écologie ou l'altermondialisme qui donnent le sentiment d'être citoyen du

monde. Il y a incontestablement une quête de sens qui vient remplir une sorte de vide.

Pour l'avenir, vous parlez d'une économie des effets utiles. Pourriez-vous expliquer ce que vous entendez par là ?

Je pars du constat que le modèle de consommation actuel a atteint ses limites. D'abord, écologiques : on sait que ce système ne pourra pas durer comme cela éternellement, d'autant plus que nous le diffusons à la planète entière. Ensuite, les promesses de l'hyperconsommation ont de plus en plus de mal à être tenues. Que dit-on en effet à longueur de publicité ? Achetez, consommez et vous serez heureux. Sur une longue période, il n'y a pas de doute, on est mieux qu'il y a un siècle dans son corps et dans sa tête – encore que ce dernier point mériterait d'être vérifié. Mais l'édifice se fissure : l'accroissement de la consommation ne s'accompagne pas d'un accroissement du sentiment subjectif de bien-être. Les consommateurs sont de plus en plus déçus. Par exemple, l'automobile a pendant longtemps incarné des promesses de bonheur et de liberté. Elle est désormais de plus en plus synonyme de bouchons, de budget astronomique, d'impossibilité de se garer, de pollution... Par exemple, lorsque la production alimentaire est passée d'un stade artisanal à un stade industriel, elle a permis de nourrir les populations. Aujourd'hui, on insiste sur la « malbouffe », nuisible pour la santé. On ne croit plus à ce que la publicité nous promet : avec cette voiture, tu seras le roi du pétrole ; si tu bois ce café, c'est l'orgasme assuré. Il existe un sentiment de déception et de frustration chez le consommateur : dans le meilleur des cas, en buvant ce café, il aura bu un bon café, pas plus ! C'est la même chose pour le travail. Pendant des années, on a dit aux salariés : donnez le maximum, vous allez vous épanouir, vous allez travailler pour le client... Il s'agissait d'une supercherie ; on ne travaille pas pour le client mais pour l'actionnaire, et tout cela est soumis à des impératifs de rentabilité et de productivité...

Il faut que la responsabilité puisse jouer sur le compte d'exploitation des entreprises, que leur rentabilité en dépende. Il faut la mettre au cœur du modèle économique.

C'est un système qui a fonctionné très longtemps. Qu'est-ce qui fait qu'à un moment donné, on est déçu ?

Peut-être à cause du niveau d'éducation du consommateur et de la masse d'informations mises à sa disposition. Grâce aux nouvelles technologies, les consommateurs dialoguent entre eux et un contre-pouvoir est en train de se former. Et puis, il y a la montée d'une défiance généralisée. La couche idéologique qui légitime le système est en train de se fissurer. De fait, on croit de moins en moins à « la main invisible » du marché, et la crise n'a fait que renforcer ce phénomène. L'idée que le profit réconcilie tous les intérêts est de plus en plus contestée : si l'économie est tirée uniquement par cette finalité, il n'est plus du tout évident qu'elle fonctionne dans l'intérêt collectif.

Mais les technologies nouvelles ne sont-elles pas un moyen de faire émerger une nouvelle responsabilité collective ?

Si les individus ont envie de se comporter de manière responsable, ils vont trouver dans les technologies un moyen extraordinaire de le faire. S'ils n'en ont pas envie, ils ne le feront pas. Je n'ai pas confiance dans la responsabilité des acteurs, dans leur bonne volonté, pour relever les défis. Je ne pense pas que les entreprises spontanément aient envie de sauver la planète. Ce n'est pas leur finalité : elles sont là pour faire de l'argent, c'est normal. Pas plus que les consommateurs : leur principal objectif est d'en avoir pour leur argent et de jouir de l'hyperconsommation. Je ne pense pas non plus que la contrainte réglementaire soit suffisante même si elle est nécessaire. Lorsqu'elle se heurte aux intérêts des acteurs, ceux-ci n'ont de cesse que de la contourner. En fait, il faut que la responsabilité soit internalisée dans leur comportement, qu'elle constitue un élément de leur rationalité première et non pas venant en surplomb. Il faut que la responsabilité puisse jouer sur le compte d'exploitation des entreprises, que leur rentabilité en dépende. Il faut la mettre au cœur du modèle économique.

La crise n'a-t-elle pas été un stimulant de ce point de vue pour les entreprises ?

Je l'ai cru pendant les six mois qui ont suivi son déclenchement. On a alors senti dans les entreprises une véritable déstabilisation, y compris au niveau du top management. Je me suis alors rendu compte qu'un certain nombre de certitudes avaient été ébranlées, et j'ai perçu une certaine ouverture d'esprit, une recherche de repères et la quête de nouveaux comportements. J'ai l'impression que c'est déjà en train de reculer. Lorsque, conjoncturellement, il y aura une reprise, je suis convaincu que tout reprendra comme avant.

Peut-être pourrions-nous revenir à votre concept d'économie des effets utiles ?

La question que je pose est la suivante : comment faire en sorte que la consommation soit plus vertueuse et devienne un *business model* pour les entreprises ? Aujourd'hui, nous vivons dans une économie de la marchandise qui est consubstantielle du capitalisme. Marx en avait fait parfaitement l'analyse. Autrement dit, lorsque l'on vend un objet sur le marché, on récupère plus d'argent qu'il n'en a coûté pour le produire, il devient dès lors une marchandise. Ce constat est à l'origine du malentendu, de plus en plus criant, avec les consommateurs. Ce qui intéresse ces derniers, ce n'est pas la marchandise, c'est ce qu'elle produira une fois qu'elle aura été achetée. C'est ce que j'appelle, après Marx, les « effets utiles ». Il y a une dissociation entre l'entreprise qui pense « valeur d'échange » et le consommateur qui pense « valeur d'usage ». L'entreprise pense « achat » (ou, plutôt, vente), alors que, pour le consommateur, celui-ci n'est que le début du processus de consommation. L'économie doit donc cesser de se concentrer sur la production des marchandises, elle doit le faire sur les effets utiles.

valeur d'usage

En quoi les technologies nouvelles peuvent-elles jouer un rôle dans ce processus ?

Elles vont d'abord aider à construire l'information sur les produits. Si nous y parvenons, les consommateurs obligeront les producteurs à faire des produits de qualité et économes en ressources. Par exemple, lorsque vous achetez une pomme, qu'en attendez-vous ? Le goût, le fait qu'elle fasse du bien à votre corps, et si vous êtes responsabilisé, le fait que sa production ne se fasse pas au détriment de l'environnement. Or, aujourd'hui, on ne travaille que sur son aspect afin de déclencher l'achat, alors que l'on sait que le goût effectif n'entretient qu'un rapport éloigné avec l'aspect. Nous ne sommes pas là dans les effets utiles. Demain, les nouvelles technologies vont nous permettre de tout savoir sur cette pomme, son lieu de culture et les impacts de celle-ci sur l'environnement, ses composants biologiques, la date à laquelle elle a été récoltée... Elles vont nous donner toutes les informations possibles sur ses effets utiles, et nous ne la choisirons plus seulement en fonction de son aspect. Au final, pourquoi ne pas garantir les effets utiles ? Il faut, par exemple, garantir une voiture non pas un an, mais cinq à dix ans... Le stade ultime de ce processus, c'est l'économie de la fonctionnalité : on ne vend plus un produit, mais directement la solution au problème de consommation visé.

Mais cela ne peut se faire que si l'on parvient à industrialiser la démarche ?

Effectivement, il faut réussir à industrialiser l'intensité d'interaction entre le prestataire et le bénéficiaire que ce modèle implique, et pour cela il faut des automatismes, sinon cela devient beaucoup trop coûteux, et nous ne pouvons pas satisfaire des marchés de masse. Dans le même temps, ce qui est proposé doit forcément être individualisé. Comment gérer cette contradiction ? Avec des systèmes d'automatisation. Dans le domaine de la santé, par exemple, un dispositif permettant de suivre et de traiter en permanence et à distance des diabétiques. On peut également donner l'exemple du réfrigérateur intelligent capable de faire l'inventaire de ce qu'il contient et qui passe commande automatiquement de ce qui manque à un moment donné.

N'y a-t-il pas des questions d'éthique posées par ce système ?

Il ne faut pas être angélique. Une technologie peut donner le meilleur ou le pire, et le problème du respect de la vie privée se pose effectivement. Il faut qu'une éthique progresse en parallèle, avec des réglementations, des contrôles... On a besoin d'un véritable travail institutionnel pour encadrer ce genre de pratiques. En fait, il faut modifier le droit de la concurrence, le droit de la consommation... Ce n'est pas un problème nouveau. À chaque époque de bouleversement du capitalisme, il y a toujours eu un travail de refondation du socle institutionnel pour accompagner le bon fonctionnement de l'économie. L'économie sans institution, cela n'existe pas. On a commis l'erreur de penser que le marché fonctionnerait mieux de manière débridée ; on en paie aujourd'hui les pots cassés...

refondation

“

Les nouvelles technologies nuisent-elles à la socialisation ? Non, d'après une étude des chercheurs de l'université de Pennsylvanie, qui ont publié en 2009 les conclusions d'une étude menée sur plus de deux mille cinq cents Américains : l'usage du Web, des réseaux comme Facebook, mais aussi de téléphones portables ne nuit pas à la socialisation, c'est même l'inverse. La majorité des utilisateurs d'Internet et du téléphone portable s'investissent davantage dans les réseaux de voisinage, le milieu associatif et l'espace public. Les réseaux sociaux des utilisateurs de nouvelles technologies sont plus vastes. Ceux qui disposent d'un téléphone mobile ont un réseau plus étendu de 12 %, et ceux qui utilisent des outils de messagerie instantanée ont un réseau plus large de 11 % en moyenne.
(...) Les adeptes des TIC ont aussi tendance à avoir un réseau de contacts plus diversifié que ceux qui ne les utilisent pas : les blogueurs par exemple ont quasiment deux fois plus de chances d'entrer en relation avec une personne d'une autre couleur de peau.”

Wiki-Mania

Au départ, il s'agissait de mettre à disposition des internautes anglophones des connaissances sous licence libre. Depuis, Wikipédia est devenue la plus grande encyclopédie en ligne avec 15 millions d'articles en plus de 250 langues à la disposition des internautes. Florence Devouard, ancienne présidente du conseil d'administration de la Wikimedia Foundation (hébergeur du site wikipedia.org) et fondatrice de Wikimédia France, décrit cette révolution dans l'accès aux connaissances.

Comment avez-vous découvert Wikipédia ?

Au hasard d'une rencontre avec un Canadien anglophone sur un forum de jeu en ligne. C'est lui qui m'a informée qu'il existait un site sur lequel les internautes pouvaient écrire ce qu'ils voulaient. Nous étions en février 2002 (Wikipédia a été créé en janvier 2001).

Quel est le concept de ce site ?

Il a été créé par un ancien trader américain, et son originalité réside dans le fait qu'il s'agit d'un site sous licence libre, ce qui était assez rare à l'époque. La licence libre offre à n'importe quelle personne quatre libertés : celle de voir comment le logiciel ou le texte est construit, celle de le modifier en fonction de ses besoins, celle de l'utiliser et enfin celle de le distribuer. Mais elle impose deux obligations : il faut toujours citer la source, c'est-à-dire l'auteur, et les versions dérivées doivent toujours être distribuées sous la même licence. Il s'agit donc de créer un bien commun. Bien entendu, la publication sous licence libre est un choix fait par l'auteur.

En fait, les créateurs de Wikipédia sont allés encore plus loin. Ils avaient constaté que de nombreuses personnes n'avaient qu'un accès restreint à la connaissance. Par exemple, les étudiants devaient acheter les ressources écrites dont ils avaient besoin et n'en avaient pas forcément les moyens. De nombreuses personnes n'ont pas d'accès physique facile à l'information (pas d'université, pas bibliothèques, pas de musées à proximité). D'où l'idée : pourquoi ne pas imaginer un accès en ligne gratuit ? Ils ont alors pensé à développer une encyclopédie fonctionnant sur le principe du logiciel libre et qui, de fait, serait gratuite puisque n'importe qui pourrait en redistribuer les textes. Ceux-ci sont visibles, modifiables, diffusables…

gratuit

Que diffuse-t-on au début ?

On ne diffusait pas grand-chose ! À partir de 2000, le fondateur a d'abord sollicité certains universitaires dans une démarche d'encyclopédie classique sur un projet appelé Nupedia : on demande à l'auteur d'écrire un texte, pour le site, sur un thème donné ; puis ce texte est relu par des experts, corrigé, validé puis enfin publié. Dans les cinq premières années, seulement 80 contributions ont été rédigées et diffusées. Le concept de Wikipédia est né par hasard, lorsque le rédacteur en chef de Nupedia a entendu parler des wikis – qui signifie « vite-vite » en hawaïen –, c'est-à-dire ces sites Internet modifiables à volonté par les personnes qui les visitent. Il s'est alors dit : nous allons écrire un brouillon à partir duquel l'article pourra être rédigé collectivement, chacun apportant sa contribution. Les articles deviendront la somme des contributions successives de

chaque auteur, chacun complétant et remaniant les textes écrits par les auteurs précédents.
Par exemple, au début de la Wikipédia francophone, quelqu'un a écrit une série de textes sur les thèmes : la pomme est un fruit, la poire est un fruit, la prune est un fruit... dans les heures ou les jours qui suivaient, d'autres auteurs venaient compléter les articles. C'est ce que nous appelons « l'effet piranha » : chacun va lire ce que l'autre a écrit pour voir s'il y a une erreur et il y rajoute sa contribution.
Personnellement, j'avais très envie, vers 2003, d'être l'auteur du cinquante millième article en français, article qui devait faire l'objet d'un communiqué de presse. J'ai donc suivi le modèle de la pomme et j'ai créé toute une série d'articles que j'ai sauvegardés. Le cinquante millième article concernait la nèfle (« la nèfle est un fruit »). Mais, évidemment, publier un communiqué de presse au sujet d'un article contenant en tout et pour tout « La nèfle est un fruit », ça n'était pas très valorisant. Dans la nuit qui a précédé la publication du communiqué de presse, les éditeurs ont décidé de l'enrichir et ils sont allés chercher des citations, des illustrations, des données biologiques, des recettes de cuisine, des expressions... autour de la nèfle. En vingt-quatre heures, un article complet était né. Wikipédia fonctionne typiquement de cette façon.

En fait, comment avez-vous débuté ?

Au cours des discussions que j'avais nouées sur le forum avec mon interlocuteur canadien. Il avait réussi à me faire écrire un petit texte sur un sujet que je connaissais un peu et qui était d'actualité début 2002, celui de la biosécurité, et il l'a publié sur Wikipédia. J'ai alors ressenti une grande fierté. Ensuite, il m'a poussée à écrire de nouveau, mais j'avoue avoir fait preuve de résistance dans un premier temps : écrire en anglais n'était pas facile et, à l'époque, l'idée de me mettre dans les bottes d'une encyclopédiste me paraissait assez peu modeste. Quelque temps après, j'ai reçu un lien vers un site consacré aux OGM qui m'a horrifiée. Ce site donnait l'apparence d'être écrit par des enseignants pour des parents et voulait se donner le vernis d'un site scientifique non biaisé. Mais, en fait, il était financé par certaines grosses entreprises du secteur et le message diffusé était cousu de fil blanc. À côté de cela, des sites tels que Greenpeace racontaient une tout autre histoire... Je me suis alors posé la question : existe-t-il un seul site capable de me donner une information neutre, vérifiée, qui puisse me permettre de me faire une opinion, sans manipulation ? Sur les OGM, il n'existait pas. J'ai alors eu envie de participer à la vie d'un site dans lequel on puisse avoir confiance. Pour moi, c'était Wikipédia.

Mais on a souvent reproché à Wikipédia son manque de fiabilité...

On entend souvent ce reproche... et pourtant plusieurs études comparatives avec des encyclopédies telles que Britannica ou Brockhaus ont montré que notre processus éditorial – pour révolutionnaire qu'il soit – n'en donne pas moins des résultats similaires aux encyclopédies classiques en termes de qualité. Je suppose que nos 250 millions de visiteurs uniques mensuels y trouvent aussi leur compte.

Mais il y a autre chose. En vivant aux États-Unis, il y a une dizaine d'années, j'ai remarqué que plus de la moitié des Américains sont créationnistes – ce qui me paraît hallucinant –, et il y a des raisons à cela. J'ai cherché une explication dans les encyclopédies françaises, en vain, parce qu'on n'imagine même pas que cela puisse exister – ici, même le catholique le plus convaincu est évolutionniste. Mais, donc, en n'ayant accès qu'à des ressources culturellement biaisées, comment un Français pourrait-il comprendre un Américain ?

Je me suis alors dit que les encyclopédies peuvent être fondées sur des principes scientifiques, mais aussi pourquoi pas sur le point de vue des gens. En d'autres termes, pour comprendre le fait que la majorité des Américains est créationniste, il faut ouvrir le champ des points de vue.

Vous voulez dire que sur Wikipédia, contrairement aux encyclopédies classiques, on peut avoir accès à tous les points de vue, y compris à ceux des créationnistes ?

Oui, on a accès à toutes les opinions significatives. Nous sommes en fait une encyclopédie des savoirs populaires. Autrement dit, nous ne fondons pas uniquement notre démarche sur ce que disent – et veulent que nous pensions – les scientifiques mais sur ce que les gens veulent, disent, pensent... Les choses peuvent parfois paraître non fiables parce qu'elles ne proviennent pas exclusivement de sources scientifiques. En revanche, nous n'avons pas vocation à inventer des théories ; nous nous contentons de reporter les faits et positions significatives en indiquant les sources de nos informations.

Mais sont-elles vérifiées ?

Des études comparatives ont été réalisées sur ce sujet en 2005 sur le site anglophone. Elles ont montré que les articles de Wikipédia comportaient en moyenne quatre erreurs contre trois pour les articles de Britannica. Pour nous, cela a constitué une révélation et l'on a, dès lors, traqué et corrigé très rapidement les erreurs. Britannica a mis des mois pour en faire autant... En 2007, une étude sur le site en allemand a porté sur quatre thèmes : être complet, correct, clair et d'actualité. Sur trois de ces items, nous sommes arrivés les premiers. La seule difficulté à laquelle nous nous heurtions était celui de la clarté : ce qui est logique car les articles sont écrits à plusieurs mains. Depuis ces études, nous avons renforcé aussi notre effort pour vérifier la source des informations. Lorsque certaines nous paraissent douteuses, nous ajoutons un petit indicateur informant qu'il manque une référence.

référence

J'aime bien l'idée d'un projet nourri par des gens de toutes nationalités et de cultures différentes. Il s'agit d'un enrichissement.

“

La BNF signe un partenariat avec Wikimédia France

La Bibliothèque nationale de France et Wikimédia France ont signé un accord de partenariat qui va permettre à tous les internautes, au travers de Wikisource, d'avoir accès aux transcriptions d'œuvres tombées dans le domaine public issues de Gallica.

(...) Au travers de ce partenariat, Wikimédia France valorise le travail effectué par les internautes sur le projet Wikisource et démontre que les collaborations entre des projets menés de front par des bénévoles, comme Wikisource et Wikipédia, et des organismes publics comme la BNF, permettent d'ouvrir au plus grand nombre l'accès à des ressources littéraires de qualité. La correction collaborative des textes numérisés hébergés sur Wikisource offre au lecteur une qualité et une fiabilité uniquement possibles au travers d'une correction humaine respectueuse du texte original.

(...) Les enseignants, élèves et étudiants travaillant sur des œuvres anciennes font partie du public visé par Wikisource, mais l'objectif est bien de créer une bibliothèque virtuelle riche et fiable.”

Extrait du communiqué de presse, 7 avril 2010

Quel est l'apport de Wikipédia finalement ?

Pour moi, le fait de disposer d'au moins une source neutre. Les journalistes jouent un rôle extrêmement important parce que, justement, ils doivent avoir leur opinion, être capable de raconter une histoire et sont liés aux médias où ils interviennent. Pour nous, ce n'est pas le cas : nous excluons toute prise de position. Selon moi, Wikipédia est aujourd'hui une référence en termes de neutralité.

Ensuite, contrairement aux encyclopédies classiques, Wikipédia est écrite par tout le monde. On parvient ainsi à collecter un grand nombre d'informations de la part de personnes qui ne sont jamais sollicitées d'habitude. Il y a donc une plus grande variété de sources. Dans le monde francophone, on consulte des encyclopédies en français. Je ne suis pas sûre que pour un Ivoirien, par exemple, cela corresponde vraiment à la culture de son pays. J'aime bien l'idée d'un projet nourri par des gens de toutes nationalités et de cultures différentes. Il s'agit d'un enrichissement. En fait, nous collectons aujourd'hui des informations qui ne le sont nulle part ailleurs. Pour toutes ces raisons, nous ne considérons pas les encyclopédies classiques comme des concurrentes. Wikipédia est un autre produit.

Finalement, je dirais que l'apport de Wikipédia est d'être publié sous licence libre, ce qui veut dire que tout un chacun peut non seulement lire, mais aussi modifier, copier et redistribuer le contenu, y compris pour des motifs commerciaux. Wikipédia n'est pas une fin en soi, c'est seulement un moyen, une source à utiliser selon nos besoins.

Qu'est-ce qui fait qu'à un moment donné on va sur Wikipédia et pas sur Britannica ou Universalis ?

D'abord, pour le prix : l'accès aux sites des encyclopédies traditionnelles est généralement payant. Ensuite, certaines ne publient sur le Web qu'une partie de leur contenu. Pour l'actualisation, très certainement. Enfin, le nombre d'articles dans Wikipédia est infiniment plus élevé.

La plupart des encyclopédies offrent environ 20 000 articles, nous en offrons 15 millions (1 million en français) ! Au bout du compte, je pense que nous avons réhabilité la notion d'encyclopédie. Aujourd'hui, si vous voulez connaître l'origine de la galette des rois, vous allez sur Wikipédia. Le geste est simple et léger. On ne navigue d'ailleurs pas du tout de la même façon que dans une encyclopédie classique, c'est-à-dire page à page. L'outil permet une grande facilité d'accès, d'autant plus que nos règles éditoriales visent à simplifier encore son utilisation. Par exemple, l'article renvoie à d'autres liens Wikipédia. On peut également renvoyer le lecteur vers des liens externes, mais à la fin du texte et jamais vers plus d'une quinzaine par thème. Il s'agit en fait d'une incitation au voyage qui n'existe pas dans les encyclopédies traditionnelles qui sont beaucoup plus linéaires, même en ligne.

Personnellement, avez-vous trouvé ce que vous cherchiez dans cette collaboration avec Wikipédia ?

Dès le début, j'ai pensé que cette idée était géniale par rapport à la question de la neutralité dont je parlais précédemment. J'avais trop le sentiment de me faire manipuler avec ce que je lisais habituellement. Je me disais aussi qu'il fallait agir au niveau systémique. Il fallait que le système se construise de telle façon que nous puissions garantir cette neutralité. Nous avons rapidement commencé à développer les versions linguistiques. Fallait-il créer un espace français ou devions-nous traduire les textes anglais ? Nous avons finalement décidé que chaque version linguistique devait avoir sa propre indépendance. Par exemple, la version anglophone ne fonctionne pas, en termes de gouvernance, de la même façon que les versions francophone ou germanophone. Mais, parallèlement, nous pensions qu'elles devaient être associées par le biais des liens entre les différentes langues. L'idée est que tout un chacun puisse volontiers participer dans sa langue natale et utiliser l'information disponible dans toutes les langues qu'il maîtrise.

Une personne bilingue aura tout intérêt à consulter les articles dans les deux langues qu'elle connaît : il est probable que les articles lui apporteront des angles différents et complémentaires.

Mais vous n'êtes pas restée une rédactrice anonyme ?

Je suis restée anonyme jusqu'en 2004 : j'animais alors les communautés anglophone et francophone – avec une équipe de cinq à six personnes pour cette dernière en 2002. J'ai passé du temps à définir des règles : vous arrivez sur un espace complètement blanc, et tout est à construire. C'est fabuleux. Certains peuvent alors écrire des articles sur des sujets qui les intéressent, puis on commence ensemble à créer une page d'accueil, à chercher une cohérence dans les titres, des règles éditoriales...

Au-delà de cette activité de rédactrice, je souhaitais participer à la construction d'un projet global et pas seulement anglophone. Il fallait s'adresser aux gens dans la langue qu'ils comprennent le mieux. Aujourd'hui, Wikipédia existe en 250 langues. Les langages minoritaires, s'ils l'étaient en termes de volume, ne devaient pas l'être dans le domaine de la gouvernance.

En 2004, vous avez participé à la création de Wikimédia ?

En fait, nous avions besoin d'argent. Nous avons donc créé la Wikimedia Foundation en Floride en 2003, dont l'objectif au départ était d'être propriétaire des serveurs, des noms de domaine et des noms de marque et d'être capable de recevoir les dons et de payer les factures. Le fondateur a alors souhaité que les gens de la communauté soient impliqués dans cette organisation et que deux représentants de la communauté fassent partie du conseil d'administration. Nous avons donc décidé d'organiser un vote en ligne. C'est ainsi que j'ai été élue au conseil d'administration, au côté d'une Britannique (deux femmes élues... pour une communauté essentiellement masculine...). Nous avons alors fait en sorte que la fondation ne soit pas attirée par les sirènes extérieures – en 2005 et 2006, nous avons reçu de nombreuses propositions de rachat, mais nous avons résisté. Il a, en outre, fallu se battre pour que la fondation reste le plus possible en retrait sur ce qui se passait dans les projets, qu'elle n'ait pas un rôle éditorial. Elle pouvait en effet être tentée d'imposer certaines règles de fonctionnement, mais nous avons fait en sorte que cela ne soit pas le cas. Il fallait laisser fonctionner la machine toute seule. Je suis restée au conseil de la Wikimedia Foundation pendant quatre ans.

Il y a également eu la création de Wikimédia France ?

Wikimédia France a été créé un an après la Wikimedia Foundation, fin 2004. Il s'agit d'une association de type loi 1901, qui réunit des utilisateurs de Wikipédia et leur permet d'agir avec une « casquette officielle » (par exemple, pour répondre aux journalistes, pour négocier des partenariats avec des musées – comme avec la BNF en mars 2010 –, pour collecter des dons, etc.). Wikimédia France n'est pas hébergeur de Wikipédia.

Le problème qui s'est très vite posé était celui de la nécessaire professionnalisation d'une fondation ayant un budget de 10 millions de dollars, gérant 300 serveurs et employant 30 personnes fin 2008... et qui ne peut pas (ni ne doit) gérer les relations extérieures dans le monde entier.

Pour cela, nous avons notamment développé un réseau d'associations – environ une trentaine aujourd'hui – capables de financer une partie des projets et de s'occuper en local de la récupération des contenus, des relations avec les musées, la presse, de la tenue de conférences... Leur participation au financement de la fondation garantit la diversité des sources financières de celle-ci. Cette année, en France, nous avons reçu 6 000 dons d'internautes pour pratiquement 300 000 euros.

diversité

Entre la Wikimedia Foundation et les associations Wikimedia, nous avons mis en place une gouvernance la plus éclatée possible.

Quel monde a ouvert Wikipédia finalement ?

En 2001, Wikipédia a constitué une démarche totalement innovante et elle a ouvert de nouveaux champs. Les systèmes de wiki sont simples et se multiplient ; ils permettent d'éviter toute programmation – ce que j'ai dû faire il y a quinze ans. Les outils de collaboration – wikis, blogs, visioconférences, calendriers partagés... – s'installent dans le grand public. Tout le monde s'accorde à dire qu'ils permettent d'accroître la productivité et de diminuer le stress dans les entreprises. En France, nous sommes, du point de vue de leur utilisation, très en retard. Aux États-Unis, 50 % des entreprises ont un wiki en interne et s'en servent sans se poser de questions. Ces outils permettent d'améliorer la communication, de travailler à distance, de gagner du temps, d'augmenter la capacité d'innovation. C'est fantastique.

En revanche, j'avoue avoir peur du temps réel, de cette exigence de réponse immédiate, de présence obligatoire, de cette quantité d'informations qui nous submerge, de cette sensation d'accélération...

Mais il s'agit d'un plus pour la connaissance également ?

Je n'en suis pas toujours convaincue. Je pense qu'il s'agit d'un progrès pour les gens qui n'étaient pas connectés, qui partent de rien ou de si peu, ou qui sont soumis à un régime totalitaire imposant un certain degré de censure.

Les autres se trouvent submergés par une telle quantité d'informations que cela finit par être contre-productif. L'objectif reste bien de trouver ce qui est important, au bon moment, avec une nécessaire mise en perspective.

Pour ce qui concerne Wikipédia, je considère qu'il est un des rares lieux où je peux trouver l'information de base qui va me permettre d'aller plus loin. L'objectif officiel de Wikipédia est « de permettre à tout être humain l'accès à la connaissance ». Le bénéfice principal des premières années était probablement l'accès à une ressource neutre. Je crois que ce bénéfice est en train de changer. Pour la plupart des internautes, le problème n'est plus d'accéder à la connaissance, mais plutôt à la connaissance pertinente, à jour, complète, exacte et non biaisée. Wikipédia est en train de devenir une sorte de *hub* de la connaissance, où l'on peut trouver l'information de base sur un sujet, en un seul clic... puis suivre les liens externes pour en savoir plus. Wikipédia facilite la vie des internautes en leur fournissant une information résumée et filtrée non pas automatiquement et aveuglément par des moteurs de recherche, mais avec patience, attention et dévouement par des femmes et des hommes comme vous et moi.

Les technologies peuvent-elles être pour les entreprises une source de créativité et d'enrichissement ?

Oui, à condition qu'elles créent des liens avec l'extérieur. Le réseau ne doit pas être seulement en étoile, mais en plusieurs étoiles avec des branches qui sortent de la société. C'est difficile. Par exemple, je n'ai pas accès à l'Intranet des entreprises avec lesquelles je travaille comme consultante, et c'est à moi de proposer des outils pour pouvoir communiquer avec les chefs de projet ! C'est tout de même paradoxal ! Comment une entreprise peut-elle pleinement bénéficier des compétences externes à l'entreprise si les DSI ne proposent pas de solutions viables pour communiquer et interagir avec ces compétences externes ? Mon espoir réside dans l'existence d'outils très simples, évolutifs et agiles utilisés par des individus en privé qui finiront par s'imposer au monde de l'entreprise. Mais, d'une façon générale, je ne suis pas très optimiste. Il existe toutes sortes de problèmes soulevés par la mise en œuvre massive de certains outils. Je crains que certains outils ne favorisent l'enfermement (le nombre de gens que l'on voit réellement en face à face diminue). Il y a également le problème de la préservation de la vie privée. Le fait que les personnes puissent me contacter à tout moment constitue évidemment quelque chose

d'extraordinaire. Mais le fait qu'ils sachent où je suis en permanence, qu'ils puissent récupérer des informations me concernant sans mon accord... me trouble énormément.
Sur Facebook, vous pouvez dire à vos amis tout le bien d'un film que vous venez de voir. Mais le système pourra récupérer cette petite phrase, la transformer en publicité – définie par vous – et celle-ci sera envoyée à vos relations *(People Powered Ads)*. Cela se fait à votre insu. Ce manque de confidentialité est préoccupant. Je pense qu'il va falloir mettre en place des régulations mais aussi que les internautes apprennent à « ne regarder que ce qui les concerne ».
À cet égard, ce qui m'a intéressé avec Wikipédia, c'est que l'on accepte les participations de tout le monde à condition que le participant respecte un minimum de règles collectivement construites et parfois relativement tacites. Nous avons su non seulement tolérer mais aussi accepter les différences. La technologie s'efface en fait devant les contenus et les relations. C'est un motif d'espoir.

internautes

Du Web à l'Internet des objets

Hier, il y a eu la révolution des micro-ordinateurs, machines à tout faire issues de la culture des informaticiens. Aujourd'hui, il y a le mobile, ouvert sur le Web, plus facile d'accès et fidèle compagnon de son propriétaire. Demain, il y aura l'Internet des objets, porteurs d'informations, communiquant entre eux. Tout sera en permanence connecté, hommes et objets, pour le meilleur ou pour le pire. Mais Bernard Benhamou, délégué aux usages de l'Internet auprès du secrétariat d'État au Développement de l'économie numérique et du ministère de la Recherche et de l'Enseignement supérieur, estime que le bon usage de cet éventail de possibilités dépendra aussi de la capacité des citoyens à en dessiner les limites.

À quoi sert la délégation interministérielle aux usages de l'Internet ?

Cette délégation a deux missions : accompagner le plus grand nombre vers une meilleure maîtrise des technologies, et accompagner l'écosystème industriel et économique vers l'Internet du futur. C'est pour cette raison que nous lui avons donné pour sous-titre : « Internet pour tous et Internet de demain. » Nous menons ces deux actions en parallèle avec des programmes de redistribution d'ordinateurs pour les personnes en difficulté, ou de protection des mineurs dans leur contact avec le Web. Nous coordonnons également le label NetPublic et donc tous les sites d'information à destination des espaces publics numériques sur l'ensemble du territoire, en partenariat notamment avec la Caisse des dépôts et consignations. Nous avons aussi développé un portail des métiers d'Internet pour faire connaître ces métiers ainsi que les formations qui y conduisent. Nous développons également des actions internationales, ainsi, durant la présidence française de l'Union européenne, la délégation a coordonné la conférence ministérielle européenne sur l'Internet du futur. Plus récemment, nous avons aussi créé le premier portail de services aux citoyens sur téléphones mobiles : Proxima Mobile.

Ce portail est-il en place ?

Absolument[1]. Nous avons financé 68 projets – sur les 250 qui nous ont été présentés – dans des domaines aussi divers que la santé, l'éducation, le tourisme, les loisirs, la vie locale... Au total, 12 grandes thématiques qui couvrent tous les aspects de la vie quotidienne des citoyens. Notre objectif est que le mobile qui est amené à devenir l'une des plates-formes essentielles d'accès à l'Internet puisse accueillir des services utiles aux citoyens. Il s'agit aussi de valoriser les données de proximité issues du secteur public dans le domaine du tourisme, de la culture, du développement durable, etc. Nous sommes, par exemple, très fiers d'avoir financé l'application du musée du Louvre qui a été téléchargée par 2 millions de personnes dont 60 % aux États-Unis.

1 Proxima Mobile est consultable sur le Web et sur les mobiles à l'adresse suivante : www.proximamobile.fr

Lorsque vous dites qu'il convient « d'accompagner le plus grand nombre », cela signifie qu'il existe encore une fracture numérique ?

La fracture numérique est une réalité. Nous sommes à plus de 60 % de foyers connectés, ce qui est déjà bien mais encore insuffisant. Il existe encore trop de personnes qui ont des difficultés à accéder à l'Internet et à le maîtriser. Et parmi ceux qui l'utilisent, certains en tirent un bénéfice social, professionnel, culturel, économique, tandis que d'autres n'en perçoivent que ses aspects « ludiques ». Or, les technologies de l'Internet deviennent indispensables à pratiquement toutes les démarches sociales, la première d'entre elles étant la recherche d'emploi. Il y a encore quatre ou cinq ans, une personne qui cherchait un travail pouvait recourir à des offres « traditionnelles ». Aujourd'hui, l'essentiel des annonces se trouve sur Internet. Ainsi, la principale demande des espaces publics numériques concerne l'accompagnement à la recherche d'emploi sur Internet.

Comment peut-on définir cette fracture numérique ?

Il existe encore des différences en fonction des catégories sociales. Par exemple, les foyers de cadres avec enfants sont connectés à plus de 85 %, alors que les foyers modestes sans enfants ne sont que 30 % à être connectés. Ensuite, cette fracture concerne les seniors. En effet, si les 50-65 ans ont connu un vrai rattrapage durant ces dernières années, les plus de 65 ans sont moins connectés en France qu'ils ne le sont chez nos voisins européens. Pour certains, il s'agit aussi d'une difficulté à utiliser l'outil informatique. En effet, un grand nombre d'entre eux ont travaillé toute leur vie durant sans avoir besoin d'utiliser un clavier. La complexité de l'outil informatique est restée un frein pour beaucoup. Or, cette complexité ne s'est pas démentie jusqu'à une période récente.

Nous pensons

que la première période

de l'informatique personnelle

– en gros depuis le début

des années 1980 – est en train

de se terminer.

"

Il y a des circonstances de la vie où l'homme ressemble effectivement à un ordinateur: tout lisse à l'extérieur, mais clignotant des neurones avec frénésie."

Daniel Pennac, *La Fée carabine*

Les interfaces actuelles apparaissent pourtant simples.

Nous oublions souvent les difficultés que nous avons eues pour acquérir les bases nécessaires au fonctionnement de l'outil informatique. Certaines études montrent qu'un tiers du temps passé sur un ordinateur est consacré à la maintenance dans son sens le plus large : organisation des fichiers, enregistrement, mise à jour, débogage... toutes les tâches qui ne sont pas liées directement à la production du document lui-même. Une personne que l'on n'accompagne pas dans ces démarches va se retrouver très vite désemparée devant cet outil. C'est pour cette raison que nous travaillons beaucoup sur l'ergonomie des outils et des ressources disponibles sur Internet. Nous pensons que la première période de l'informatique personnelle – qui a démarré au début des années 1980 – est en train de se terminer. Celle au cours de laquelle on a mis entre les mains des utilisateurs des machines directement issues de la culture des informaticiens, c'est-à-dire des machines à tout faire. Ce gain de puissance est remarquable, mais il se « paie » : une machine capable de tout faire est nécessairement une machine complexe. En revanche, une machine qui n'a qu'un nombre limité de fonctions peut devenir plus simple. C'est précisément le débat auquel nous assistons avec la montée en puissance des « apps » sur les terminaux mobiles.

Dès lors, où allons-nous ?

Aujourd'hui, 95 % des machines connectées à l'Internet sont des ordinateurs. Cette proportion va diminuer considérablement dans les années à venir au profit de toutes sortes de terminaux. Ainsi, une part importante des 4 milliards de personnes qui utilisent des téléphones mobiles va progressivement migrer vers les services de l'Internet mobile. Jusqu'alors, l'interface graphique des ordinateurs était basée sur la métaphore du bureau, avec menu, icône et souris, ce qui constitue un handicap pour beaucoup de gens. Par exemple, on estime que l'illettrisme, dans les pays développés, concerne entre 10 et 14 % de la population. Or, ces personnes ne pourront jamais utiliser un système aussi complexe que le système d'exploitation d'un ordinateur. Le même menu a, par exemple, des significations totalement différentes selon l'application ou selon l'endroit ou se trouve l'utilisateur au sein même d'une application. Cela représente un niveau de complexité sans équivalent dans l'histoire industrielle. Des terminaux ergonomiques, permettent désormais d'établir facilement le lien entre une fonction et le résultat de cette fonction. Plus encore, ces terminaux (grâce aux fonctions de géolocalisation) prennent en compte le contexte d'utilisation de la personne. C'est là que résident les principales nouveautés, et l'essentiel des machines que nous utiliserons reprendra ces principes d'ergonomie et de prise en compte du contexte d'utilisation.

Les nouveaux outils dont vous parlez vont donc modifier cela?
Au lieu d'un seul site Web, les organisations vont développer plusieurs applications. Par exemple, la SNCF a déjà développé trois applications sur les mobiles : une pour commander son billet, une pour connaître le quai d'où un train doit partir, et une autre pour accompagner et informer le voyageur durant son trajet. Contrairement à ce que permettent les sites Web consultables sur un ordinateur, chaque application est directement liée à un contexte d'utilisation. L'ordinateur impose un mode de consultation un peu « autiste », lorsqu'on l'utilise, on ne fait pas autre chose. Le mobile, en revanche, accompagne ses usagers en permanence et il permet de prendre en compte le contexte d'utilisation.

Il est donc capable de vous dire que vous avez une station-service à 200 mètres. De ce point de vue, nous assistons à une véritable mutation. Pour en mesurer la portée, il faut revenir sur l'histoire de ces technologies. Au départ, l'Internet a été créé par des chercheurs pour des chercheurs. Mais on a attendu pratiquement vingt ans avant que quelqu'un, en l'occurrence un Européen, Tim Berners-Lee, qui travaillait au CERN à Genève, invente un système plus simple pour accéder aux informations. Comme les bases de données destinées aux chercheurs étaient particulièrement complexes, il a eu l'idée de créer un lien entre les documents. Il a donc simplifié un langage préexistant qui a permis de créer le Web. C'est cette innovation, cette rupture ergonomique, qui a marqué la naissance de l'Internet grand public.

À partir de là, comment cela s'est-il diffusé ?

À partir du moment où les gens se sont rendu compte que créer une page Web était facile, ils ont compris que la capacité de production et d'émission d'informations sur le Web était infiniment plus simple que sur aucun autre média. Cette approche a séduit la communauté des chercheurs, puis les entreprises et, enfin, le grand public. La bascule a eu lieu au milieu des années 1990 avec Mosaïque puis Netscape… qui se sont diffusés en même temps qu'étaient créés les premiers moteurs de recherche.

C'est cette période qui s'achève aujourd'hui ?

Après avoir été au bout de la logique du Web, c'est-à-dire celle d'outils de navigation et d'édition polyvalents, on bute sur la question de l'utilisation de l'Internet par le plus grand nombre. On ne peut pas imaginer, contrairement à d'autres médias comme la radio ou la télévision, que 95 ou 97 % des gens utiliseront un ordinateur. Selon l'OCDE, s'il n'y a pas une simplification permettant une appropriation quasi instantanée de ces machines, on ne pourra pas arriver à connecter plus de 85-87 % d'utilisateurs au niveau mondial. Désormais, nous travaillons sur les terminaux mobiles, mais ils ne constituent qu'une première étape. Nous irons bien au-delà.

Où irons-nous ?

Nous nous dirigeons vers ce que l'on appelle l'Internet des objets. Il faut comprendre qu'un mobile demeure un terminal informatique. Dans les temps à venir, on va connecter au réseau autre chose que des objets électroniques de ce type pour recueillir des informations. Je vous donne un exemple. Ceci est une bouteille d'eau gazeuse sur laquelle figure un code-barres qui, jusqu'à présent, n'est utilisé que pour des besoins logistiques concernant son acheminement, sa distribution et la reconnaissance de son identité au moment de son passage en caisse. À terme, ce code-barres va être utilisable par le citoyen pour disposer de plus d'informations sur cet objet. Cela existe déjà au sein du portail Proxima Mobile, une application permet par exemple aux parents de scanner le code-barres d'un jeu vidéo pour obtenir de l'information sur ses fonctions, la tranche d'âge à qui il s'adresse, etc. Ce principe va s'élargir considérablement et surtout être utilisé au-delà du passage en caisse. Ce code-barres devrait être remplacé, sur les objets du quotidien, par des puces à radiofréquences (RFID). On les trouvera à terme sur tous les objets de la vie quotidienne.

Comment va-t-on s'en servir ?

Nous les lirons grâce à des terminaux sans fil. On enverra une impulsion vers la puce qui renverra l'information relative à un objet. Dès lors, on pourra identifier et donc tracer chaque objet individuellement. Grâce à un autre service (Proxi Produit) qui pour l'instant fonctionne avec les codes-barres, on pourra savoir si cette bouteille a été fabriquée à tel endroit, a subi tel contrôle sanitaire, contient tel produit, tel allergène, nécessite telle mesure de recyclage ou encore représente telle empreinte carbone... Ces informations seront stockées sur une sorte de page Web au sein du réseau. Le fait d'utiliser une puce

Les technologies

ne vont pas plus vers le contrôle qu'elles ne vont vers la libération en soi.

ouvrira de nombreuses perspectives car on pourra capter à distance – non pas à quelques centimètres comme on le fait aujourd'hui avec le code-barres – l'ensemble des informations concernant tous les objets présents dans une pièce. Cela peut évidemment représenter une source d'inquiétude pour les utilisateurs qui se demandent, souvent à juste titre, si l'on ne va pas vers une société de surveillance généralisée. On pourrait en effet être capable de tout savoir d'une personne en connaissant tous les objets qu'elle a sur elle. C'est la raison pour laquelle nous avons souhaité, dans le cadre de la conférence ministérielle européenne, établir un nouveau droit, que nous appelons « le droit au silence des puces ». Ce droit est devenu la base de l'action de la Commission européenne dans ce domaine.

En quoi consiste ce nouveau droit ?

La puce RFID contient un petit processeur et une antenne. Elle ne comporte ni pièces mobiles ni source d'énergie. Elle se réactive au moment où on lui envoie une impulsion électromagnétique. Virtuellement, cette puce est immortelle. L'objectif pour nous est de faire en sorte que le citoyen, lorsqu'il fera l'acquisition d'un objet, soit capable de dire : je veux que cette puce ne parle pas (d'où ce « droit au silence des puces ») et je dois pouvoir la désactiver à volonté. Au moment du passage en caisse, toutes les puces pourraient être désactivées, à charge pour la personne de la réactiver au cas par cas si elle le souhaite. À l'instar des informations commerciales que l'on doit pouvoir choisir de ne pas recevoir, ce droit est une sorte d'« opt-in » pour les informations des objets.

Qu'est-ce que cela va changer dans nos vies ?

Nous nous dirigeons vers ce que nos homologues asiatiques appellent le « réseau ubiquitaire » qui sera présent dans l'ensemble de notre environnement quotidien avec des objets capables de communiquer entre eux. Ces technologies existent déjà. Ainsi, Nike et Apple ont trouvé le moyen de relier entre eux deux objets fétiches des jeunes, l'iPod et les chaussures de sport. Ils ont créé une petite puce que l'on met dans la chaussure, permettant de communiquer avec l'iPod et d'avoir ainsi accès à l'ensemble des paramètres de la course, la vitesse, la distance, l'énergie dépensée, etc. Ce lien qui apparaissait étrange au départ a donné naissance à un marché de 6 millions d'unités dans le monde. Aujourd'hui, il existe toute une communauté de coureurs qui utilisent ce service. À l'avenir, des services de ce type, au départ improbables, vont exister. Le plus classique habituellement décrit est celui du réfrigérateur capable d'indiquer que tel produit est périmé ou de commander le lait lorsqu'il n'y en a plus, ou celui de la machine à laver capable de détecter un pull en cachemire qu'il est préférable de ne pas laver avec des chaussettes en coton... On peut aussi imaginer des liens entre les appareils électriques pour mieux gérer l'énergie et constituer un « réseau électrique intelligent ». Ces puces pourront aussi servir à protéger l'environnement, analyser les flux de transport ou aider à trouver une place de parking libre. Aujourd'hui, par exemple, tous les arbres de la mairie de Paris sont pourvus de puces qui permettent de savoir s'ils ont été élagués, transplantés, s'ils ont subi tel ou tel traitement... Tout cela nécessitera une connexion fine entre notre environnement et nous-mêmes. Le réseau et notre environnement vont se mélanger. En d'autres termes, nous allons être connectés en permanence. L'Internet mobile constitue la première étape de ces transformations.

Mais n'y a-t-il pas un risque de Big Brother derrière tout cela?
Bien sûr, d'où l'intérêt de faire en sorte que ces technologies restent entre les mains des citoyens, qu'elles puissent être désactivées s'ils le désirent. L'évolution vers l'Internet des objets peut aussi bien être génératrice d'optimisme que de pessimisme. Tout va dépendre de la capacité des citoyens à maîtriser ces évolutions. Dans ce domaine, il

Il faut veiller
à créer de nouveaux
droits pour les
citoyens.

n'existe pas de déterminisme. Les technologies ne vont pas plus vers le contrôle qu'elles ne vont vers la libération en soi. Toutes peuvent être détournées de leurs objectifs initiaux. Ce qui est vrai des technologies nucléaires l'était déjà pour… le couteau de cuisine !

Il faudra donc réguler tout cela ?

Notre mission est effectivement de veiller à ce que ce secteur ne devienne pas le lieu de tous les risques pour les libertés fondamentales. On voit bien au travers des débats actuels sur les réseaux sociaux le risque de remise en cause de la vie privée. Or, ces réseaux sociaux deviennent désormais mobiles et géolocalisés. Il faut donc veiller à créer de nouveaux droits pour les citoyens. Nous parlions du silence des puces, il y a aussi un autre droit sur lequel Mme Nathalie Kosciusko-Morizet a souhaité insister, c'est le « droit à l'oubli ». Ce droit consistera, en effet, en la possibilité pour une personne de dire : ce que j'ai introduit sur le réseau, je veux être en mesure de pouvoir le retirer. Lorsque je vais sur un réseau social, je veux être certain que, lorsque j'efface ma page, les données me concernant n'existent plus. Facebook considère encore aujourd'hui que les données introduites par les utilisateurs lui appartiennent *ad vitam aeternam*…

Cela nécessite une réglementation au niveau mondial…

Comme il y a eu un sommet mondial des Nations unies sur la société de l'information en 2005, il y aura sans doute nécessité d'organiser d'autres réunions de ce genre sur ces nouveaux enjeux. L'intérêt bien compris de la France et plus largement de l'Europe est de faire en sorte que les citoyens gardent confiance dans ce média. Si ce n'était pas le cas, notre développement économique pourrait être remis en cause. À l'image des débats sur le développement durable, les débats sur l'« urbanisme informationnel » vont devenir un véritable enjeu de société. Notre objectif est de faire en sorte que ces questions soient visibles par les citoyens et puissent faire l'objet de débats, comme ceux qui ont pu exister sur la bioéthique, les nanotechnologies ou les OGM...

Si tout cela se met en place dans de bonnes conditions, qu'est-ce qui va changer dans notre vie ?

Ces technologies pourront permettre aux citoyens d'avoir une meilleure maîtrise sur leur environnement, dans tous les aspects de la vie quotidienne. Cela permettra de mieux coordonner nos activités avec les autres, d'être mieux informés sur ce qui nous entoure afin de prendre des décisions d'une manière éclairée. Ces technologies vont aussi permettre à ce que l'on appelle « la ville intelligente » d'exister. En d'autres termes, l'ensemble des démarches de la vie quotidienne pourrait devenir plus simple pour les utilisateurs.

Mais plus important encore, il conviendra d'associer les citoyens afin qu'ils décident ou plutôt qu'ils dessinent les contours de cette société numérique...

“

Alors, les nouvelles technologies rendent-elles crétins ?

Il y a d'abord la thèse de Maggie Jackson *qui est l'auteur américaine de Distracted, un essai sur l'impact d'Internet sur nos capacités de concentration, d'attention et de réflexion. Pour elle, c'est fichu. À force de surfer, de papillonner, de lire en diagonale, on est en train de ramollir du bulbe. Internet nous fait revenir à l'âge des ténèbres.*

(...) Et la rédaction de Books *de poser la question : la culture du Net va-t-elle balayer la vieille culture humaniste fondée sur le respect de la profondeur et la préférence pour la réflexion solitaire ?*

(...) Pour l'essayiste espagnol Joaquim Rodriguez, *la crainte d'un progrès technique qui menacerait la culture était déjà présente chez Socrate qui redoutait que l'écriture, comme aujourd'hui le Web, vienne menacer la mémoire. Et c'est vrai qu'avec Google certains ont peur qu'on devienne stoopides. C'est l'opinion de Nicholas Carr qui dans un article qui a fait le tour du monde estime qu'il régresse à cause du Net. Pour lui, en changeant notre façon de lire, Google reprogramme biologiquement notre cerveau.*

*(...) **Encore faut-il que la lecture survive**. C'est la mise en garde du philosophe George Steiner qui s'inquiète de la disparition de la vraie lecture, celle qui rime avec littérature.*

*(...) **Mais non ! se réjouit le critique américain Harry Hurt.** "Heureux les enfants du Net", ils ne sont pas des imbéciles, au contraire, ils ont des compétences que n'avaient pas leurs parents. Et pour enfoncer le clou, c'est le journaliste Malcolm Gladwell qui nous met en garde : "Ne tirez pas sur l'écran !" La génération des séries TV et des jeux vidéo a un QI plus élevé que la précédente.*

*(...) **Alors, à quel Internet se fier ?** Le Web qui rend nos ados accros et lymphatiques, celui qui les expose à la violence, à la bêtise, celui qui encourage le culte du moi et le narcissisme, l'Internet où les jeunes font du copier-coller de dissertation ou bien au contraire le Web qui leur permet de communiquer, de lire, de partager des expériences, des lectures, des voyages, bref, le Net qui encourage l'autonomie. La réponse est entre les lignes du magazine Books, en kiosque ce matin, et garanti 100 % papier...*"

« Le bruit du Net », France Info, 25 avril 2009

Quelle ville pour l'homme du XXIe siècle ?

Les techniques ont cette particularité d'aliéner les individus mais dans le même temps de leur fournir les moyens de sortir de cette aliénation. Cela a été vrai au temps de l'industrialisation, au XIXe siècle. Ce sera également vrai demain avec l'explosion des technologies numériques. Pour cela, il faudra que l'homme de ce siècle sache définir qui il est. Une problématique concernant nos modes de vie et nos façons d'habiter développée par **Jean Magerand** et **Elizabeth Mortamais**, architectes, paysagistes, docteurs en sciences de l'information, enseignants respectivement à l'École nationale supérieure d'architecture de Paris et à l'École nationale supérieure d'architecture de Paris Val-de-Seine et auteurs de *Vers la cité hypermédiate. Du modernisme-fossile à l'hypercité-immédiate*[1] et de *Vers l'hyperpaysage*[2].

En quoi vous intéressez-vous aux nouvelles technologies ?

J. M. : Nous pensons qu'il existe une population de technophobes et une population de technophiles. Nous faisons partie de la seconde catégorie, en sachant que nous sommes des partisans conscients. Car,

1 L'Harmattan, 2003. - 2 L'Harmattan, 2009.

lorsque nous regardons l'histoire, nous voyons que les technophiles se sont, eux aussi, souvent trompés. Nous essayons donc de fonder cet optimisme sur des faits historiques, sur ce qui s'est passé à la Renaissance ou à l'époque moderne par exemple.

E. M. : Nous avons tous les deux une formation d'architecte et de paysagiste et nous nous sommes très vite intéressés, au-delà de notre pratique professionnelle, à la communication et à la nécessité de penser ce que l'on fait. Nous nous sommes donc consacrés aux sciences cognitives et nous avons écrit deux livres, en 2003 et 2009, sur la question des technologies de l'information, la façon dont on les perçoit, dont elles influencent nos modes de vie et nos manières de concevoir. Le premier concerne la ville, l'autre le paysage.

Sur quoi fondez-vous votre analyse ?

J. M. : Il y a d'abord « l'arriéré » des années 1968-1970 avec le sentiment que subitement on a « pourri » le monde et la planète, par les organisations sociétales, les systèmes économiques et techniques. Il y a eu, en conséquence, un rejet de ces techniques et une réticence à accepter ce monde où l'on mettrait des caméras partout, où tout serait géré par l'informatique, et où l'humain disparaîtrait... Notre propos consiste à repositionner tout cela, en affirmant que les techniques ont toujours existé, qu'elles font partie de l'histoire humaine et qu'elles vont de pair avec un certain degré de sophistication de la pensée directement liée au recul de la barbarie. Plus les techniques sont évoluées, plus se développent la gouvernance, la démocratie et l'indépendance de l'individu.

E. M. : Le philosophe Gilbert Simondon explique ainsi que l'individuation de l'être humain se fait au travers de ses propres productions. Au cœur de celles-ci, les outils, les techniques font partie de la généalogie de l'être. C'est pour cela qu'il y a problème – du côté des technophobes – mais qu'il peut également exister un regard positif dans la mesure où les techniques constituent un prolongement de l'être humain.

Comment, face à cette évolution, envisager un optimisme durable ?

J. M. :. Nous sommes optimistes parce que nous pensons que globalement, même s'il y a des retours en arrière, on va vers moins de barbarie, vers plus de civilisation – à l'échelle de celle-ci, c'est-à-dire à long terme. Ces progrès techniques vont de pair avec une conscience du monde qui fait que, tôt ou tard, la tolérance reprend le dessus.

E. M. : Il ne s'agit pas de la notion de progrès mais de l'idée que les êtres humains sont en position permanente de métastabilité, c'est-à-dire qu'ils ne sont jamais dans une trajectoire totalement stable, mais plutôt dans la recherche d'un équilibre dynamique toujours remis en cause. Dans cette trajectoire de l'évolution darwinienne de l'homme, il y a une recherche d'amélioration constante. Elle est forcément exponentielle.

J. M. : Notre hypothèse, c'est que la technologie aliène les gens mais qu'elle fournit dans le même temps les moyens du dépassement de cette aliénation. Cela a été le cas, par exemple, lors de l'industrialisation au XIXe siècle. Cette période a fourni les outils qui ont permis de constituer de nouveaux modes d'organisation, les partis politiques et les syndicats par exemple, qui constituent une copie de l'organisation des chaînes de production industrielles dans leur version sociale. En d'autres termes, il y a un modèle que l'on va chercher dans le technique, que l'on applique au social et dont on va se servir pour lutter contre l'aliénation. Pour nous, la technique porte toujours en elle cette double facette. Pour l'heure, nous nous situons dans une période de perturbation très forte. Le monde technique aliène les gens mais fournit aussi les outils de luttes collectives, de reconquête de droits perdus, de nouvelles solidarités… On commence à le voir avec l'utilisation de l'Internet dans des pays comme la Chine ou l'Iran.

Vous pensez donc qu'il y a un sens ?

E. M. : Ce n'est pas un sens compris comme sens de l'histoire. Il y a plutôt une trajectoire qui se dessine. Lorsqu'une invention surgit, on voit que les hommes ont une capacité de résilience, c'est-à-dire à la fois de résistance aux perturbations et en même temps une capacité à réutiliser cette émergence à un moment donné. L'être humain est capable de détourner les choses pour se les approprier et les dépasser. Plutôt que de parler de sens, je préfère parler d'une forme de trajectoire.

Mais lorsque l'on dit : une trajectoire vers moins de barbarie, cela implique un sens tout de même ?

J. M. : Au sens d'un côté inéluctable. Les mécanismes confrontés les uns aux autres se sélectionnent et font qu'inexorablement le monde vivant va vers toujours plus de complexité et vers des systèmes de plus en plus difficiles à déséquilibrer. À propos des techniques et de l'humanité, la complexité se construit un peu à la manière de la nature. À ceci près que, dans ce domaine, il y a la conscience humaine et le fait que l'homme est susceptible d'intervenir sur les processus et faire des choix. Cela dit, la maîtrise de ces outils permettant d'interroger la complexité des phénomènes sociétaux n'est pas facile.

Peut-on illustrer ce que vous venez de dire à partir d'exemples historiques ?

J. M. : Le jardin à la française était, par exemple, l'expression d'une technophilie galopante. Louis XIV lui-même était un adepte des technologies nouvelles et le jardin de Versailles n'était rien d'autre qu'une expression de l'agriculture « high-tech » de l'époque. Cela se voit non seulement dans l'utilisation des mécanismes des jets d'eau ou de la machine de Marly, mais aussi dans les dispositifs de conception qui étaient entièrement imprégnés des technologies nouvelles. Il s'agissait d'un monde de la nouveauté, de la technique pour la technique.

E. M. : Les paysages, l'architecture sont des modes d'expression singuliers qui portent les évolutions sociétales. Ils reflètent cette façon que les êtres humains ont, au travers des outils qu'ils utilisent, de percevoir le monde. L'architecture moderne a été conçue à partir des techniques qui ont permis à l'industrie de pouvoir se déployer. Tout cela a conduit les artistes à s'y intéresser – notamment les cubistes – et les architectes à fonder un domaine à part entière, l'architecture moderne.

Comment peut-on qualifier celle-ci ?

J. M. : Un certain nombre d'ouvrages ont été écrits sur ce thème. Je pense en particulier à ceux de Sigfried Giedion dans les années 1920. Il a constitué la modernité à partir de la notion d'espace-temps-mouvement, qui a fondé l'architecture moderne. Tout cela provient directement de l'industrie. Les modes d'organisation de l'industrie ont influencé la manière dont les cubistes ont appréhendé le réel. L'architecture et la pensée de la ville moderne, son dispositif fonctionnaliste avec, par exemple, la séparation des quartiers, découlent de l'âge industriel... Tout cela est né de ce mouvement. Dès que des systèmes techniques nouveaux apparaissent, ils fournissent, forcément, des modèles influents. Tout individu est imprégné par une technique, et cela rejaillit sur sa façon de philosopher, de regarder le monde et de se comporter. Il ne s'agit pas simplement d'une aliénation ; il peut y avoir également un enrichissement. Mais, au départ, il y a souvent un rejet puis une appropriation progressive qui s'opère dans la résistance. Par exemple, un individu d'aujourd'hui baigne encore totalement dans les modèles du XIXe siècle. Sa journée est organisée d'une manière hyperrationnelle, comme une usine... La génération qui va venir ne va pas avoir du tout la même organisation.

En quoi différera-t-elle ?

E. M. : Regardez comment vivent les jeunes aujourd'hui. Pour eux, l'ordinateur n'est pas seulement un outil de travail ; ils s'en servent pour écouter de la musique, pour jouer, pour chercher une information, des relations. C'est une machine dans laquelle ils mettent tout et avec laquelle ils se baladent.

J. M. : L'ordinateur imprègne désormais notre façon de vivre. Avec Internet à la maison, avec le téléphone portable, on n'organise pas les idées de la même manière. Culturellement, nous sommes en train de muter. Pour la génération qui va venir par exemple, il n'y aura plus de discontinuité entre le travail et la maison.

E. M. : Ces changements nous imprègnent d'une façon tellement inconsciente qu'on a du mal à en prendre la mesure. Prenons un exemple historique. La perspective a été inventée à la Renaissance – parce qu'on « possédait » désormais une nouvelle analyse du monde – et elle a créé une nouvelle conception du monde. Si l'on nous demande aujourd'hui de représenter quelque chose, nous allons avoir tendance à utiliser la perspective. Elle fait partie de notre culture ; notre cerveau est formaté, depuis plusieurs générations, par elle. Aujourd'hui, les outils de représentation en 3D dépassent complètement cela et génèrent d'autres cultures qui imprégneront les générations futures.

Jusqu'où cela imprègne-t-il et jusqu'où cela transforme-t-il le fonctionnement social et l'individu ?

J. M. : Au Moyen Âge, la perspective n'existait pas et les gens vivaient sans elle. Lorsqu'elle est arrivée, elle a bouleversé l'art et elle a eu des implications dans la manière de philosopher, de regarder l'individu... Tout cela s'est enchaîné et cela participe à l'éclosion d'une nouvelle culture à la Renaissance.

E. M. : L'homme au centre de la perspective entraîne des conséquences fondamentales sur la façon de penser. C'est le « Je pense donc je suis ».

J. M. : Tout cela va forcément avoir des incidences très importantes sur notre culture. Où allons-nous ? Nous ne le savons pas très bien. Il faut simplement se préparer à ces changements. Et prendre conscience de ce que nous sommes devenus car nous avons déjà changé. Si quelqu'un d'après-guerre revenait, il nous prendrait certainement pour des êtres venus d'une autre planète.

E. M. : Par exemple, le travail en plates-formes collaboratives – qui consiste à mettre un projet à la disposition des membres d'une équipe dispersés dans le monde pouvant intervenir à tout moment – change radicalement par rapport au système cartésien de la chaîne traditionnelle de production. On se rend compte que travailler de cette façon permet de gagner un temps fou. Ces nouveaux modes d'organisation engendrent forcément une perception différente.

Mais il peut y avoir un renforcement considérable de l'aliénation à partir de l'utilisation de ces techniques, qu'en pensez-vous ?

J. M. : Ce qui compte, c'est le regard sur l'homme. Lorsque l'on observe les grandes civilisations, elles sont toujours parties d'un regard spécifique sur l'homme. À l'époque des Grecs, l'homme était un homme libre, une catégorie de laquelle était exclu l'esclave. La Renaissance a eu une autre approche : l'homme était un individu libre par rapport aux pouvoirs hiérarchiques, aux religions ; il pouvait désormais exister de manière autonome. Au XVIIIe siècle, avec les Lumières, on a considéré que l'autonomie de l'individu concernait tout le monde, en réaction contre la vision élitiste de la Renaissance. La Révolution française a ensuite affirmé l'égalité. Aujourd'hui, nous nous trouvons dans une autre époque qui revendique le fait que nous sommes tous différents... Mais, sur ce sujet, nous sommes en pleine interrogation. Nous demeurons dans une vision très ambiguë, avec la persistance d'une conception ancienne de l'homme – avec la démocratie, l'égalité – et en même temps le fait que cela ne marche plus. Nous pensons qu'il faut interroger la place de l'homme pour aller vers plus de démocratie, plus de liberté...

Mais les technologies servent aussi à mettre la main sur les individus...

J. M. : Il est vrai que les systèmes d'organisation nouveaux deviennent très prégnants, qu'ils mettent l'individu dans la dépendance. Mais, en même temps, avec ces technologies, tout le monde devient compétent, et le système s'inverse ; les gens commencent à se mettre en réseau et à lutter contre le système dominant. Et ils vont pouvoir le faire à armes égales avec beaucoup plus d'efficacité parce qu'ils sont plus nombreux. Bientôt, vous pourrez communiquer avec un groupe de syndicalistes chinois et promouvoir avec eux une lutte contre l'utilisation de tel produit chimique ou la mise en œuvre de tel mode de travail...

Vous disiez que le XIXe siècle avait créé les syndicats et les partis, quelles seront, selon vous, les nouvelles formes d'organisation nées du système futur ?

J. M. : Les partis et les syndicats sont morts. Je pense que les gens vont inventer d'autres modèles pour s'organiser entre eux et constituer des groupes d'intérêt ou de pression. On le voit sur Internet. Les altermondialistes le font déjà.

E. M. : Ces processus ne sont pas forcément conscients, il y a une organisation intuitive des choses qui est presque plus puissante que l'utilisation raisonnée de ces outils.

Vous avez parlé du regard sur l'homme qui a toujours constitué le socle des civilisations. Quel est-il aujourd'hui, selon vous ?

J. M. : Le monde universitaire est très englué dans cette modernité dont nous avons parlé. Du coup, nous sommes toujours confrontés

Il faut faire habiter un homme nouveau qui ne soit pas celui de la modernité – homme standard vivant dans des lieux préfabriqués.

au même regard sur l'homme. Il faut en inventer un autre. C'est le rôle des politiques, des sociologues, des philosophes, des intellectuels en général. Nous, nous sommes là pour faire habiter les gens quelque part, dans un lieu, dans un paysage, dans une ville, et l'on se pose la question de savoir qui on va faire vivre. En fait, il faut faire habiter un homme nouveau qui ne soit pas celui de la modernité – homme standard vivant dans des lieux préfabriqués. Il y a un rejet de cela, mais pour l'heure, il n'y a pas de modèle.

E. M. : Certains, comme Gilles Lipovetsky, sont dans le constat un peu déroutant de cette espèce d'éclatement de la définition de l'homme. Comme si celui-ci ne constituait pas un tout, mais au contraire une série de facettes qui sont des paillettes, des choses encore volantes. C'est très troublant. Les gens qui réfléchissent à cette question de l'homme en sont là aujourd'hui, avec le constat de quelque chose qui s'est brisé : ce regard qui avait tendance à unifier les choses et qui, aujourd'hui, a plus de mal à le faire parce qu'il accepte la complexité. Ce que je lis sur le sujet est très intéressant, mais rien pour l'instant ne permet de dessiner quelque chose.

Justement, comment mettez-vous en œuvre cette réflexion dans vos projets ?

J. M. : Le premier projet manifeste que nous avons réalisé, en 1986, est la maison Gallego-Bouvet, du nom de deux peintres qui sont des amis, conçue autour des nouvelles technologies. Elle a été pensée pour être entièrement construite par un robot. L'intérêt était de pouvoir intégrer un certain nombre de techniques nouvelles dans la maison, ce que nous ne pouvons pas faire avec le meilleur maçon du monde. La réalisation est parfaite, tout marche à la perfection. Il faut s'imaginer un bâtiment de haut niveau de qualité environnementale, avec zéro rejet, avec des capteurs qui indiquent tout de suite la moindre trace de pollution, une climatisation sans dépense d'énergie, des systèmes qui marchent à la parole… L'enveloppe de la maison devient une interface intelligente entre l'individu et la nature. On y introduit aussi des notions de haute qualité de vie.

E. M. : Comme la maison devait être construite par un robot, en permanence connecté à un système informatique, il était possible de mémoriser toutes les tâches et de recycler les éléments qui la composent. Aujourd'hui, lorsque l'on détruit un bâtiment, la même confusion règne que lorsqu'on le fabrique, et on peut constater que c'est même pire. On casse les matériaux, on les trie plus ou moins bien ou pas du tout, ils ne sont quasiment pas réutilisables. À partir du moment où la maison tend à devenir un objet technologique très pointu, tout peut être mémorisé, répertorié, les matériaux et les tâches.

J. M. : On connaît également la provenance de tous les matériaux utilisés, avec une véritable traçabilité. On peut donc connaître en temps réel l'impact sur la planète. Avec, en plus, le confort de vie : il faut s'imaginer le couvert mis automatiquement, les ordures triées automatiquement : ce n'est déjà plus de la science-fiction !

Mais peut-on étendre ce modèle à une ville ?

J. M. : C'est justement l'idée. Nous avons, par exemple, été sollicités par le gouvernement de Corée du Sud dans le cadre d'un projet de déplacement de sa capitale administrative. On nous a demandé de réfléchir à la possibilité de créer une ville de toutes pièces et de la penser différemment à partir des nouvelles technologies.

E. M. : Nous avons, par exemple, proposé le projet d'une « rue adaptative ». Aujourd'hui, une rue fonctionne d'une façon assez unilatérale, à partir de la circulation des voitures, des gens et des biens. Nous avons conçu le projet d'une rue qui pourrait « s'adapter » en fonction de la journée, du mois ou de l'année, à différentes tâches, à la gestion des déchets et des marchandises, avec l'ouverture à certains moments aux voitures et aux transports en commun, avec la possibilité de faire des fêtes ou des foires, de rendre un certain nombre de services... Tout cela en utilisant le potentiel existant aujourd'hui et en créant de nouveaux usages afin de permettre une meilleure gestion de l'espace urbain.

Quel est l'intérêt ?

J. M. : Aujourd'hui, lorsque vous voulez utiliser une rue pendant une demi-journée, vous devez suivre toute une série de procédures à la mairie, à la préfecture, etc. Avec ce projet, nous pourrions instituer une nouvelle forme de gouvernance, avec les associations locales et les habitants qui seraient en contact direct et automatique avec les services de sécurité par exemple. Il s'agit d'une autre prise en charge du pouvoir, une sorte de démocratie à très haut degré de participation, en temps réel.

C'est presque l'autogestion de la rue ?

J. M. : Oui, sauf que les systèmes administratifs actuels ne sont pas conçus pour cela. Car, si on bouche une rue pour faire une activité, cela a des conséquences sur le trafic urbain. Dans le cas de la « rue adaptative » il faut pouvoir transférer les flux sur les rues adjacentes, presque instantanément, et que l'information soit relayée sur un large périmètre. Cette évolution n'est possible que si l'ensemble de la ville est équipé d'un système informatique qui puisse par exemple gérer la circulation, organiser l'ensemble des flux et vous indiquer, à vous conducteur, par où passer. Il s'agit donc d'interactions entre l'individu et les collectivités par l'intermédiaire des technologies. Le monde associatif ou les habitants d'une rue pourraient disposer de systèmes urbains de ce type pour conquérir de nouveaux droits, satisfaire de nouveaux usages.

E. M. : Le projet intéresse des groupes de prospective, par exemple au ministère de l'Industrie. On pourrait , entre autres, imaginer un système de gestion des denrées et des déchets coordonnés à l'échelle de la ville en utilisant plus efficacement le système de transport pour arriver à une optimisation et une automatisation de ces processus. À partir du moment où l'on met en œuvre des techniques afin de faciliter une vie de quartier, on fait en sorte que la rue soit plus rentable, plus polyvalente et, en même temps, qu'on obtienne des économies en termes de gestion des flux.

Comment les technologies s'inscrivent-elles dans cette démarche ?

J. M. : On observe aujourd'hui dans la ville une cacophonie gigantesque et un gaspillage énergétique phénoménal. On sait que l'on va vers la ville post-carbone où il faudra absolument optimiser la gestion de l'énergie pour le transport des citadins, la livraison et le stockage des marchandises, la répartition des déchets, etc. Et tout cela ne sera possible qu'en utilisant les technologies de l'information.

E. M. : L'Internet des objets va aussi nous y aider. Nous allons savoir en permanence où se trouvent les objets, et ceux-ci vont dialoguer entre eux. Derrière tout cela, il y a la modification de nos modes de vie. Elle touche à la gestion de l'énergie, comme nous l'avons vu, mais aussi à la gestion de la démocratie locale. Cette ville est faite pour un homme particulier qu'il nous faut définir – nous revenons au thème traité au début de notre entretien – et elle doit se mettre à son service en temps réel. Aujourd'hui, le système est totalement amorphe et il contraint les gens à vivre dans un cadre fixe. Or, la ville doit devenir un service. C'est bien en partant de cette idée qu'il faudra construire la cité de demain.

gestion des flux

“

Nice, ville du « Sans Contact Mobile »

Le projet de "Nice, ville du Sans Contact Mobile" proposera à ces 3 000 utilisateurs de s'équiper de mobiles commerciaux équipés de la technologie NFC de tester ce "portefeuille de services" dans leur vie quotidienne. (...) Les mobiles sans contact sont une nouvelle génération de téléphones portables, capables d'interagir avec leur environnement grâce à la technologie NFC (Near Field Communication = communication de courte portée). Il suffit d'approcher le téléphone à quelques centimètres d'un lecteur pour déclencher une action : validation d'un ticket de transport, paiement d'un achat, accès à une page d'information par exemple. Le mobile permet ainsi de stocker une version électronique des cartes de paiement ou d'accès, que l'utilisateur peut gérer et personnaliser via son écran et son clavier.”

Extrait du dossier de presse « Nice, ville du “Sans Contact Mobile” », 22 mai 2009

Démocratie, politique et médias :

vers une redéfinition de la citoyenneté

Les nouvelles formes de production, de diffusion et de partage de l'information sur Internet confèrent aux technologies de l'information et de la communication un rôle encore émergent dans la vie démocratique française. Si les uns voient l'Internet comme un accélérateur de démocratie, les autres l'accusent de désintégrer le lien social et d'entretenir une illusion de démocratie. Pour ces derniers, relier une communauté d'individus ne signifie pas souder une société de citoyens autour de projets communs. Transaction n'est pas relation, c'est juste.

Cependant, par l'accès du plus grand nombre à l'information, les TIC mettent fin au monopole de la compétence et de la parole, entraînent une réallocation des autorités et, de fait, précipitent la crise de la représentativité.

En permettant la participation de la société civile à la gouvernance démocratique, elles jettent les bases d'un nouvel espace public et encouragent l'idée d'une démocratie coopérative.

La démocratie est-elle soluble dans les TIC ? Je ne crois pas que nous disposions encore de toutes les réponses aux questions qu'elles soulèvent en matière de pratique citoyenne. Ce qui est sûr, c'est qu'elles donnent au plus grand nombre les moyens de faire prospérer les valeurs de transparence et de responsabilité, de mettre en concurrence logique économique et logique de société, de révéler au grand jour les incohérences et les contradictions entre ce qui est et ce qui devrait être. Seront-elles, pour les citoyens, un moyen inédit de tenir et de faire tenir la promesse démocratique ?

Internet, l'amplificateur

Internet n'est rien. Il ne fait qu'amplifier les tendances à l'œuvre dans le fonctionnement social, qu'elles soient positives ou négatives. Pourtant, ce qu'il faut combattre, ce n'est pas Internet, qui n'est qu'un outil, mais l'idéologie qui l'entoure. Celle qui laisse à penser que le Web va créer une démocratie horizontale et un monde dans lequel les hommes pourraient se passer de médiations. L'enjeu, c'est notre capacité à utiliser Internet rationnellement. Au-delà, c'est l'inefficacité dans les décisions et l'affaiblissement de la démocratie. C'est la théorie développée par Philippe Breton, professeur au Centre universitaire d'enseignement du journalisme (CUEJ) à l'université de Strasbourg, chargé de mission « Vie démocratique » auprès de la présidence de l'université de Strasbourg, directeur éditorial du magazine *Savoirs*. Son dernier ouvrage s'intitule : *Le Silence et la Parole contre les excès de la communication*[1] (en collaboration avec David Le Breton).

---

1 Érès, 2009.

En 2000, à une époque où Internet commençait de susciter un certain engouement, vous avez publié un livre au titre un peu provocateur : *Le Culte de l'Internet, une menace pour le lien social*[2] ? Pour quelles raisons ?

Ce livre était une manière de lancer le débat sur les usages d'Internet à une époque où celui-ci était accompagné d'un discours très optimiste, à sens unique. On considérait alors que les nouvelles technologies, en soi, changeraient la société en bien. Il me semblait nécessaire de nuancer ce propos. J'ai d'abord voulu rappeler qu'Internet n'est qu'un outil et que, s'il a un tel succès dans notre société, c'est parce que celle-ci a connu des changements préalables. Je cite toujours l'exemple de l'imprimerie que les Chinois ont inventée, mais qu'ils n'ont pas utilisée car leur société, à l'époque, n'était pas prête socialement à cette innovation. Le fax a été inventé au XIXe siècle, on ne s'en est servi que dans les années 1960, au moment où cela a commencé à correspondre à un besoin. La première idée était bien de dire : sortons un peu du paradigme selon lequel les techniques descendent du ciel et transforment le monde. La seconde idée était que finalement les techniques peuvent bonifier les choses et aggraver les mauvaises. Elles ont un effet d'amplification mais il ne faut surtout pas croire qu'elles sont, par nature, porteuses de progrès et de bienfaits. Il ne s'agissait nullement d'une position technophobe.

Quelle était la nature du discours qui accompagnait le développement d'Internet ?

Il s'agissait surtout d'un discours nord-américain, très utopiste, avec des héritages très forts de New Age, des croyances étranges selon lesquelles il fallait nous débarrasser de nos corps et mettre en œuvre une intelligence collective. Il existait alors une sorte de mystique à propos d'Internet. Ce discours prenait bien chez les informaticiens : basculons

2 La Découverte, 2000.

dans la virtualité, faisons tout par Internet… J'ai voulu montrer comment ce discours risquait de gêner notre usage rationnel de l'outil. À l'époque, par exemple, j'étais l'un des seuls à avoir dit : attention, le surinvestissement économique dans la moindre petite entreprise qui propose de basculer sur Internet des activités de l'univers matériel est dangereux. La bulle est arrivée, et cela me paraissait prévisible. Le discours utopique qui s'était déconnecté du réel a buté sur celui-ci. Aujourd'hui, il y a une décroissance de ce discours, notamment avec la crise et le chômage qui nous ont ramenés au matériel. Mais, globalement, je pense que nous sommes dans ce discours de surinvestissement sur le rôle des nouvelles technologies.

Pour rester un instant sur ce discours – que vous qualifiez d'idéologie –, quelles en sont les sources ?

Oui, il s'agit d'une véritable idéologie. Elle est née dans les années 1940 d'une rencontre des créateurs de l'informatique avec la pensée anarchiste, la vraie, celle du XIXe siècle, qui prône une société d'individus rois capables de grandir sans médiation, en particulier sans celle de l'État. Les informaticiens ont pensé que ces technologies seraient capables de réaliser cet idéal libertaire. Cela a également convergé avec les courants idéologiques ultralibéraux américains, « libertariens », pour qui nous sommes tous des individus sur un marché. Cette rencontre a donné une idéologie très particulière qui consiste à dire : on n'a plus besoin que l'on nous dise comment penser. Il y a peut-être aussi une pincée de protestantisme dans tout cela puisque, dans le fondement de celui-ci, il y a tout de même l'idée que la médiation du prêtre pour lire la Bible n'est pas nécessaire. Tout cela donne une idéologie qui s'est beaucoup déployée dans la science-fiction et qui est toujours dominante dans le milieu des innovateurs en matière de nouvelles technologies. Ils veulent en finir avec l'État, ils veulent « déverticaliser » et « horizontaliser ». Il y a une rencontre incongrue

“

Les NTIC sont-elles un facteur d'homogénéisation culturelle ou de préservation de la diversité ? L'apparition des réseaux électroniques a-t-elle amplifié les effets de la mondialisation ? (...) En réalité, Internet représente à la fois une chance et une menace pour la diversité culturelle et linguistique. D'un côté, il amène le danger de la suprématie de l'anglais, langue maternelle du Web. (...) D'autre part, ce réseau offre une chance de survie aux langues et cultures minoritaires. En effet, il permet de donner une voix à ceux qui n'en ont pas, il leur donne l'occasion de s'exprimer en pleine liberté et autonomie. Il suffit d'avoir la ferme volonté d'accorder une place à ces langues, et de savoir surtout comment reconstruire des espaces de survie sur Internet. C'est un espace ouvert à toutes les initiatives individuelles ou locales, dans lequel chaque peuple, en particulier les minorités ethniques, doit être en mesure d'exprimer ses singularités et ses sensibilités. Internet doit être utilisé pour affirmer et promouvoir la diversité culturelle et linguistique et favoriser le dialogue des cultures dans le respect des identités.”

Naila Amrous, « Internet, chance ou menace pour la diversité culturelle et linguistique ? », EspacesTemps.net, 5 mars 2006 entre l'héritage de l'idéologie anarchiste et la pensée libérale qui veut mettre les individus en concurrence.

On retrouve là l'idéologie libérale ?

Oui. Mais il y a une utopie en plus puisque, dans le libéralisme, il y a des idées qui ne conviennent pas à l'idéologie libertaire, par exemple celle qui consiste à dire que les moins bons n'ont qu'à se débrouiller. L'idéologie libertaire, au contraire, est très généreuse, très égalitaire. Pour elle, tous les hommes sont frères, et il n'est pas question d'en laisser tomber en route... Il y a là comme un héritage du néo-humanisme du XIXe siècle. Par exemple, chez les gens du livre – très influencés par l'anarchosyndicalisme –, il y a à la fois de la concurrence mais aussi de l'égalitarisme ; ils sont porteurs d'une idéologie très particulière. Au final, on arrive à un discours d'accompagnement d'Internet qui insinue l'idée que la société n'a plus besoin de médiateurs, en particulier étatiques. Et comme l'État est actuellement peuplé de créatures politiques curieuses qui veulent le dissoudre en utilisant, pourquoi pas, les nouvelles technologies, on assiste à une magnifique rencontre à la française. Ce discours fonctionne bien aussi au niveau de l'Europe qui n'a jamais rempli ni le rôle de la nation ou ni celui de l'État. C'est différent aux États-Unis où l'État n'est pas aimé mais où la nation l'est.

Les institutions européennes ont été les grandes pourvoyeuses de cette idéologie. La Commission européenne finance de nombreuses recherches dans ce domaine. Elle dit en substance : l'Europe n'a pas de liens symboliques – et c'est bien, puisque nous n'en voulons pas –, on va donc créer ce lien grâce aux nouvelles technologies. Elles vont permettre de supprimer ces anciennes médiations qui ont été la cause des guerres... Nous sommes bien dans une idéologie opérante puisqu'un certain nombre de gens se disent : je ne lis plus et je ne m'intéresse plus qu'aux informations que je trouve sur Internet... D'où le succès, pour une part, de l'écologie. Je ne parle pas de l'écologie politique, mais de cette écologie un peu mystique, « réchauffiste », apocalyptique, qui dénie toutes les technologies – il ne faut plus de centrales, plus d'autoroutes – sauf Internet qui relie la planète mère en oubliant d'ailleurs que son bilan carbone est loin d'être négligeable.

Il y a tout de même dans tout cela une volonté de dissoudre le politique ?

Cette idée de dissoudre le politique est très ancienne. J'ai, par exemple, ici un article du *Monde* datant du 28 décembre 1948, dans lequel on décrit ce que sera le futur Internet. Voici ce que l'on peut y lire : « Nous pouvons rêver d'un temps où la machine à gouverner viendrait suppléer, pour le bien ou pour le mal, l'insuffisance aujourd'hui patente des têtes et des appareils coutumiers de la politique. » Voilà l'ordre de mission ! Dès cette époque, la matrice est là. Il s'agit d'une démocratie anarchiste, sans État et sans politique, datant en fait du XIXe siècle. C'est d'ailleurs très curieux de voir une technologie qui se vit comme hypermoderne prise dans un système hérité d'idées politiques issues du passé.

Mais est-ce l'idéologie d'un milieu ou est-ce la toile de fond de ce que nous vivons actuellement ?

C'est forcément l'idéologie du milieu qui a porté les nouvelles technologies. C'est aussi l'idéologie qui accompagne la littérature lue par les technophiles. La science-fiction a été la première à avoir mis en scène Internet avant son existence. Je pense, par exemple, au livre d'Isaac Asimov, *Face aux feux du soleil*, paru dans les années 1950, où il décrivait une société dans laquelle les gens étaient en permanence reliés par vidéo et ne se rencontraient jamais puisque cela était la source du mal, du meurtre et de la violence. Bien sûr, si l'on se réfère à la situation actuelle, cette idéologie est « libéralo-compatible ». Elle tombe bien. En revanche, si l'on était dans une évolution sociale qui, pour un certain nombre de raisons, irait vers une recentralisation, ces nouvelles technologies pourraient être vécues comme une emprise sécuritaire, une menace contre les personnes... Cela dit, son influence est limitée par le fait que cette idéologie se heurte au réel, au retour permanent aux réalités matérielles vécues par les individus. Internet est encore une technologie pour des gens qui ont satisfait leurs besoins élémentaires.

Pensez-vous que ce nouveau moyen de communication contribue tout de même à transformer les choses ?

Je suis toujours guidé par un principe assez simple qui n'a jamais été démenti par l'évaluation : les communautés qui utilisent merveilleusement Internet existaient avant lui dans le monde matériel. Je prends toujours l'exemple des philatélistes : ils existent depuis bien longtemps, ils se connaissent, ils ont leurs codes, et ils utilisent Internet comme un très bon outil. Personnellement, je n'ai jamais été fasciné par Internet. Pour moi, Internet n'existe pas. L'aspect intéressant réside dans les fonctions différentes qu'il remplit. Par exemple, le courrier électronique est un prolongement du système postal : il y a eu les messagers, le cheval, le facteur, le fax, maintenant c'est le courrier électronique. En fait, il y a un progrès mais pas vraiment de rupture dans la fonction.

Un autre exemple : je suis souvent interpellé sur le fait que ces réseaux sociaux transforment fondamentalement la fonction politique. D'abord, il faut relativiser car les réseaux ne concernent qu'une population encore limitée, quelque peu branchée – même si elle est appelée à s'étendre. Ensuite, nous sommes toujours dans l'expression politique qui a toujours eu lieu en démocratie. Maintenant, on ne monte plus sur les tables dans les bistros, on ne va plus sous les préaux des écoles. De ce point de vue, assistons-nous avec les réseaux sociaux à une rupture dans la nature des messages politiques ? Ou est-ce un autre moyen – complémentaire – de les diffuser ? Les hommes ont toujours eu leurs

L'information

est peut-être un peu plus fluide, mais cela ne suffit pas à faire évoluer la démocratie qui suit un processus beaucoup plus complexe.

“

Les ordinateurs sont inutiles.
Ils ne savent que donner des réponses.”

Pablo Picasso

supports, tracts, journaux pour diffuser leurs idées. Aujourd’hui, les supports ont changé mais la fonction est la même. L’information est peut-être un peu plus fluide, mais cela ne suffit pas à faire évoluer la démocratie qui suit un processus beaucoup plus complexe.

Mais la fameuse « horizontalité », créée par les réseaux, ne favorise-t-elle pas une plus grande intervention des citoyens et un moyen de pression nouveau sur les politiques ?

Cela mériterait une vraie évaluation. Internet offre la possibilité de faire circuler les informations sans les faire passer par des filtres médiateurs. On pourrait se dire qu’il est formidable que tout le monde puisse se parler en liberté, que c’est au fond l’essence de la démocratie. Mais on se rend compte que ce type d’outil nécessiterait une maturité démocratique extraordinaire que nous n’avons pas encore. Nous sommes tous capables d’être de très bons journalistes dans un monde idéal. Le citoyen idéal dirait : je ne cherche pas, par exemple, à manipuler les autres, je vérifie mes informations, je ne diffuse pas n’importe quoi, je ne me laisse pas aller à tous les amalgames. Nous pouvons tous le faire, mais nous ne le faisons absolument pas ; c’est pour cela qu’il reste des journalistes ! Résultat : beaucoup de choses se répandent sur Internet, dans ces flux horizontaux, en dehors des médiations. Dans le temps, en sociologie, on appelait cela des rumeurs.

Vous voulez donc dire que circulent, sur la Toile, des données qui relèvent plus de la rumeur que de l'information ?

Je dois préciser une chose : j'entends par rumeur tout ce qui circule en dehors de toute médiation, et ce n'est pas forcément négatif. Prenons un exemple, celui des sites de vidéos. Il s'agit du comble de l'horizontalité : à propos de n'importe quel événement de la planète, je peux disposer de vidéos prises au cœur de celui-ci. Mais c'est une fiction ! On est renvoyé au vieux problème idéologique de l'image, la condamnation de celle-ci dans l'Ancien Testament… Nombres de gens disent depuis des centaines d'années : attention à l'image, elle a l'air de dire le vrai, mais elle ne le dit pas toujours. Lorsqu'une image est diffusée au journal télévisé, elle est commentée par le journaliste. S'il estime que la vidéo dit quelque chose qui n'est pas réel, celle-ci ne passera pas parce qu'il est censé avoir croisé ses sources. Avoir accès à ces vidéos, sans aucun commentaire qui les remette dans leur contexte, transforme n'importe quelle scène en violence policière, alors qu'un autre cadrage ou un croisement de sources montreraient que la réalité est plus compliquée. L'image a absolument besoin d'une mise en perspective au risque de se tromper dans son interprétation. D'un autre côté, c'est formidable d'avoir accès à ces images si le citoyen est capable de décoder l'information, d'avoir d'autres sources sur un événement. Mais ce travail de croisement de l'information n'est pas évident, surtout pour des gens qui ne voient que ce qu'ils veulent voir.

Internet concurrence-t-il les grands médias ?

Il faut relativiser cette concurrence avec les médias traditionnels, d'autant qu'un grand nombre de gens n'ont pas accès à Internet. Le problème de fond est la défiance croissante vis-à-vis de médiations. Pour beaucoup de gens, le journaliste nous cache des choses, et le politique ment. Il s'agit là d'une crise de confiance massive. Nous avons, par exemple, réalisé des enquêtes sur le vote Front national et nous n'avons pas découvert un vote idéologique, mais plutôt un vote de défiance. Il n'y avait pas d'adhésion réelle aux thèses de ce parti. En fait, ces gens ne croient plus en rien. J'emploie pour les qualifier le concept de « sécession sociale ». Ces « sécessionnistes » ne sont pas ceux qui ont accès le plus facilement au haut débit, même s'ils ne font pas forcément partie des milieux populaires. Mais ils peuvent trouver sur Internet des informations qui vont conforter leurs propres présupposés. Ils n'y trouvent que ce qu'ils y cherchent. Ces sites vont alors les renforcer dans leur sécessionnisme. Internet joue dès lors un rôle de désintégration du lien social.

Mais peut-on dire qu'il y a une rupture ? N'avons-nous pas affaire à des phénomènes qui ont toujours existé et qui seraient amplifiés par Internet ?

Le sécessionnisme est relativement nouveau car il est lié à des changements en profondeur de notre société, à la forte poussée de l'individualisme, à la dissolution d'un certain nombre de structures collectives… Cette évolution a insécurisé toute une série de personnes qui se trouvent isolées. À cela, il faut ajouter la crise économique. Beaucoup de gens ne comprennent plus le monde et rebondissent sur la rumeur qui est un phénomène ancien. Lorsque j'ai commencé mes études, on étudiait les travaux d'Edgar Morin sur la rumeur d'Orléans : les femmes qui disparaissaient dans les boutiques de confection du centre-ville tenues par des Juifs… Les imaginaires ont changé, mais la rumeur existe toujours. Certains pensent que la fin du monde est pour bientôt ; ils évoquent les calendriers mayas pour prédire qu'elle aura lieu le 21 décembre 2012 ! Ces gens-là tapent 2012 et se nourrissent de toute une littérature qui les renforce dans leurs convictions.

Il s'agit du phénomène d'amplification dont vous parliez finalement ?

Je crois effectivement que la notion simple d'amplification est très intéressante pour comprendre Internet. Celui-ci amplifie les aspects positifs et les aspects négatifs de notre vie sociale. Aujourd'hui, de ce point de vue, le bilan est très partagé. Moi, j'ai toujours plaidé pour que l'on fasse des évaluations de l'usage d'Internet. En fait, on travaille sans évaluation. On est dans l'irrationnel : on peut faire, on le fait, il y a des clients pour le faire, on y va ! C'est un peu la seule loi qui compte.

Mais vous parlez là de notre monde, pas spécifiquement d'Internet ?

Effectivement, Internet n'est pas en cause. Tout dépend du fonctionnement social. Si nous reprenons la question de la désaffection du public pour la chose politique, nous avons affaire à une lame de fond, et Internet n'est qu'un petit rocher dans tout cela. Il s'agit d'une petite chose dans notre grand environnement social. Si nous vivions dans une société fondamentalement démocratique où chaque citoyen aurait le temps, l'envie de s'impliquer dans la vie politique, dans la décision, serait un acteur – comme dans la société athénienne durant une courte période –, l'outil amplifierait cela. Mais on ne pourrait pas dire qu'il en serait à l'origine.

Mais il y a tout de même le phénomène des réseaux qui rassemblent des millions de gens, en particulier des jeunes...

Il existe une socialité adolescente. Il y a vingt ans, plus personne ne pouvait téléphoner parce que les ados monopolisaient les lignes. Il n'y a donc pas de nouveauté. Cette socialité se vit aujourd'hui sous le double registre de la terrible crainte de la solitude et de l'hyperactivisme. S'il n'y avait pas Internet, les ados trouveraient autre chose. De plus, le nombre de connexions ne dit rien sur le contenu de celles-ci.

socialité

J'ai reçu 40 messages aujourd'hui, je suis soulagé le soir lorsque je me couche car j'ai l'impression de ne pas être seul. Mais sur les 40 messages, il n'y en a qu'un ou deux qui sont un peu signifiants, venant de quelqu'un qui aurait d'ailleurs pu me les transmettre autrement. Je ne crois pas au rôle déterminant des techniques dans ces modes de socialisation. Je pense qu'il y a des modes de socialisation nouveaux qui se développent, et les technologies prennent leur sens en eux. Même si, encore une fois, celles-ci jouent un rôle d'amplification.

Les médias sont-ils menacés par Internet?

Il faut distinguer le contenu du support. Si, demain, nous n'avons sur Internet plus que des journaux payants faits par des journalistes, ce n'est pas grave. Je ne suis pas attaché au support papier, je paie un abonnement au *Monde* sur Internet... Le problème n'est pas que le journal soit sur du papier ou sur un écran, le problème, c'est la qualité de la médiation et de ceux qui la font. Encore une fois, il ne faut pas s'hypnotiser sur l'outil, mais il faut réfléchir à sa fonction. Si, demain, Internet nous offre la possibilité d'un accès à des médias bien informés, ce sera formidable et ce sera encore plus pratique, avec la variété, l'interactivité... Ce sera un progrès.

Internet modifie-t-il le métier de journaliste?

Qu'est-ce qu'un journaliste? Un journaliste est quelqu'un qui obéit à des règles de production de l'information, vérification des informations, croisement des sources, etc. On lui fait confiance pour cela. Si tout cela est dépassé, que ce qui compte avant tout est l'effet que l'information produit sur le public, alors le journaliste perd son rôle et sa crédibilité.

Les grands médias actuellement ne recherchent-ils pas cet effet de l'information?

Il y a une tentation, mais je ne suis pas certain que la perte de confiance dans les médias soit liée à cela. Il s'agit d'une source paradoxale de la perte de confiance. Il est vrai qu'il y a la pression économique et que les jeunes journalistes s'en plaignent. Mais je n'enfourcherai pas le discours de la dégradation massive des médias, d'abord parce que le public est tout de même intelligent. S'il veut se faire un petit plaisir populiste, il va regarder la une ; s'il veut réfléchir un peu, il va aller sur la trois... Il existe encore une pluralité d'offres pour une raison simple : beaucoup de gens raisonnables savent que l'on a besoin d'une vraie information pour prendre des décisions. Je pense aux classes moyennes qui peuvent agir. Les autres, ceux qui ne font plus confiance ou ceux qui sont dans la survie, ont réellement besoin des vrais médias s'ils ne veulent pas se perdre dans le monde. Il y a toujours une demande. Si, sur Internet, il y a des médias de qualité, celui-ci peut jouer un rôle important.

À condition de savoir les y trouver...

Oui, et cela pose un problème d'éducation. Je pense, par exemple, à la façon dont les étudiants de l'université utilisent trop souvent Internet. Ils vont y chercher des informations, mais la touche « guillemets » sur le clavier reste trop souvent propre ! Il y a ceux qui trichent délibérément, mais il y a aussi ceux qui ne comprennent pas. Le comportement de ces étudiants peut s'expliquer par leur incapacité à faire de la philologie de base mais aussi par la fascination qu'exerce Internet. L'idée se répand que, si une info se trouve sur Internet, elle est vraie, et l'on n'a pas besoin de médiateur ! C'est faux ; lorsqu'il y a un médiateur, c'est mieux que lorsqu'il n'y en a pas ! Par exemple, les moteurs de recherche fonctionnent selon les critères du marché, c'est-à-dire qu'ils font apparaître en premier les sites les plus visités. C'est ainsi que vous avez des chances, si vous recherchez des informations sur la Shoah, de tomber en premier sur des sites négationnistes. C'est pour toutes ces raisons que je pense qu'il faut combattre l'idéologie qui accompagne Internet dont je parlais précédemment. Sinon, on laisse s'installer le brouillard dans les têtes. Durant les jours d'optimisme, je me dis qu'il s'agit d'une idéologie nouvelle, qu'il en va toujours ainsi et qu'il faut laisser passer du temps pour tirer les enseignements. Les jours où je suis pessimiste, je me dis qu'il y a des risques : ceux du développement de l'irrationalité, de l'inefficacité dans la prise de décision, d'un affaiblissement de la démocratie dans notre société. Mais, encore une fois, ce n'est pas Internet qui crée ces risques, mais le discours qui l'accompagne.

idéologie nouvelle

"

Contre-culture geek

Le terme « geek » est un anglicisme désignant une personne passionnée, parfois de manière extrême, par un domaine précis. Il s'emploie entre autres dans le domaine de l'informatique ainsi que dans celui de la science-fiction.
(...) L'archétype le plus célèbre du geek est celui du jeune (ou de l'adulte resté jeune) féru de sciences/maths/logique, qui s'intéresse également aux nouvelles technologies et aux univers fantastiques (comics, science-fiction, heroic fantasy, etc.). Cette passion s'applique concrètement par de nombreuses activités, telles que le jeu de rôle, le cinéma, les jeux vidéo ou encore la programmation informatique.
(...) S'il y avait un sujet qui rassemblait toutes les catégories de geeks, ce serait l'informatique. En effet, la plupart des geeks, qu'ils soient particulièrement adeptes de programmation ou non, entretiennent un rapport étroit avec l'informatique et les nouvelles technologies, et sauront se servir d'un ordinateur à un niveau plus élevé qu'un individu moyen. Cela entraîne parfois entre les geeks une certaine appropriation de l'informatique, chaque geek se reconnaissant une compétence dans le domaine, ce qui peut donner lieu à de longs débats sur le sujet.
(...) La fonction principale de l'informatique chez les geeks est en réalité de souder la communauté des passionnés, par le biais par exemple de forums de discussion ou d'équipes de joueurs (dans le cas des jeux vidéo). Cette pratique sociale informatisée se combine par ailleurs avec des rencontres bien réelles entre geeks.
(...) Cette importance de l'informatique chez les geeks a donné lieu à une conception erronée du geek, qui serait alors un simple adepte d'informatique ou d'outils technologiques modernes. Cette conception est tout à fait partielle puisque le geek ne se limite pas à une simple utilisation d'outils technologiques."

Extrait de la page Wikipédia sur les geeks

Vers une nouvelle démocratie participative ?

Le Web ouvre un nouvel espace de la démocratie, dans lequel les individus peuvent communiquer entre eux sans passer par des corps intermédiaires. Pour Nicolas Vanbremeersch, fondateur et directeur de l'agence Spintank, blogueur et chroniqueur, cette évolution ne remet nullement en cause le rôle des politiques mais elle les oblige à inventer de nouvelles formes de participation, à nouer de nouvelles relations avec les citoyens. Au risque de voir le fossé avec eux s'approfondir.

Vous êtes le fondateur d'une agence de communication qui se propose d'accompagner ses clients dans l'espace numérique. Qu'est-ce que cela signifie ?

Nous nous adressons à des acteurs traditionnels de l'espace public, entreprises, ministères, syndicats, collectivités locales... et nous leur proposons, en effet, de les accompagner dans l'espace public numérique. Il s'agit d'institutions qui sont affectées par la révolution numérique. Elles sont mises en concurrence par de nouveaux acteurs, ce qui les oblige à réimaginer leur rôle dans le Web. Par exemple, il y a quelques années, nous avons accompagné un *think tank* (un réseau de réflexion et de proposition réuni autour d'un sujet), l'Institut de l'entreprise, qui voulait faire évoluer son mode et son champ d'intervention au-delà de ses productions habituelles (colloques, rencontres, notes, recherche...) pour intervenir dans le débat public. Nous les avons aidés à inventer l'intervention d'un *think tank* à l'heure numérique, de l'hyperabondance de l'information et de la fin d'une communication de type descendant.

En quoi cela a-t-il consisté ?

Nous avons imaginé une intervention générale dans le cadre du cycle électoral de 2007, autour d'un site, Débat 2007, qui est devenu depuis Débat&Co, conçu comme un espace d'animation du débat et de dialogue autour des enjeux économiques et sociaux des élections. L'Institut de l'entreprise a ainsi lancé plusieurs modules d'animation du débat, comme un blog collectif de plus de 40 personnes, un wiki et une cellule de chiffrage des programmes électoraux. Débat 2007 est devenu un espace clé de l'animation du débat de l'élection, changeant radicalement le mode d'action du *think tank*.

Mais cela peut-il remplacer un colloque ou une réunion où s'élabore de la pensée ?

Non, bien sûr. Mais les deux démarches ne sont pas contradictoires. Le *think tank* continue en effet d'organiser colloques, rencontres, recherches. Je dirai que le Web n'est pas, effectivement, un lieu où s'élabore la pensée, mais où elle se diffuse et, ce faisant, elle s'enrichit par la plus grande ouverture, le dialogue, les échanges et l'expression des contradictions. Il y a donc un lien très étroit entre les deux. Cet exemple montre à quel point les technologies nouvelles peuvent permettre de modifier les relations sociales dans un sens positif. Je pourrais évoquer un autre exemple, celui d'un groupe hospitalier avec qui nous avons travaillé récemment et qui souhaitait écouter ses collaborateurs dans le cadre de la préparation de son plan stratégique. La direction aurait pu procéder par échantillonnage, mais cette méthode a ses limites, ou aller interviewer l'ensemble de ses collaborateurs, ce qui est évidemment impossible. Nous avons donc créé une plate-forme sur laquelle les personnels ont pu s'exprimer, dialoguer entre eux et avec la direction. Nous avons alors assisté à des rencontres entre les infirmières, les médecins et généralement avec les soignants, tout à fait inédites. Le site a permis de briser les rapports hiérarchiques et la direction a entendu un discours dont elle n'avait pas l'habitude. Par exemple, certaines catégories de personnel (les salariés précaires, par exemple) ont eu une part de voix qu'ils n'ont pas dans les instances de dialogue habituel ; les discussions et confrontations entre des points

"

Je reviens du Pérou. Je suis passé dans des petits villages des Andes où il y a des cybercafés. Ces cafés, dans les montagnes du Pérou, sont tellement utilisés que les lettres du clavier de l'ordinateur étaient effacées. L'illettré, c'était soudainement moi : je n'avais plus les lettres sur mon clavier. Les autres continuaient comme s'ils les avaient. Ils étaient plus "lettrés" que moi. Et l'on parle de fracture numérique ! Les Indiens Quetchua n'ont pas d'écriture. Avec les nouvelles technologies, ils sont en train de rattraper un retard de quatre mille ans ! il faut être parisien pour ne pas voir ça et en pleurer !"

Michel Serres , Revue *Médias*, « Sollers/Serres. Le vigilant et l'optimiste », Yves Harté et Pierre Veilletet de vue différents ont permis de faire émerger des points de consensus. Au total, la moitié des personnels a participé à la consultation, avec plusieurs milliers de contributions.

Et sur quoi cela a-t-il débouché ?

À la fin, le management reste décisionnaire et fait ses choix : mais il a changé sa perception de certains problèmes, de la même manière que je crois que les personnels ont pu témoigner clairement de leur engagement. Un plan stratégique, qui est souvent perçu comme un exercice formel, du management a pu être largement partagé au sein de l'organisation.

Au chapitre de l'utilisation du Web en politique, l'exemple le plus emblématique est celui de Barack Obama. Qu'en pensez-vous ?

Ce qu'a fait Barack Obama, au cours de sa campagne électorale, est effectivement emblématique : c'est le premier candidat de l'ère numérique. Grâce au Web, il a réussi à faire s'engager en politique 13 millions d'Américains derrière lui en les réconciliant avec l'action militante. Il a sorti le politique du discours volontariste pur. Il a dit à ses soutiens : je ne ferai pas le changement seul, celui-ci viendra également de vous. Chacun y est donc allé de son action. Dans certains États, de véritables groupes militants, auto-organisés grâce au Web, se sont constitués en quelques mois, réunissant des centaines de milliers de personnes. Le fait de permettre la connexion de plusieurs millions d'individus a changé radicalement les choses : le Web n'était pas juste un média de diffusion de la communication du candidat, il était l'épine dorsale d'organisation de la campagne de plusieurs millions de militants.
Le Web a aussi été le poumon permanent de la campagne, l'espace de confrontation entre militants des deux camps, médias, politiques, experts, sur fond de connaissance. On peut dire que l'Internet a cette capacité à créer un nouveau bien commun.

De quelle façon ?

Ce bien commun se construit d'abord par l'accès à la connaissance et par la production de culture grâce à l'irruption de nouvelles formes de collaboration entre les individus. Ces deux éléments changent fondamentalement l'organisation de la société : jusqu'alors, surtout en France, elle était organisée de façon pyramidale et s'appuyait principalement sur l'existence de corps intermédiaires et d'organes de représentation. Ces corps intermédiaires étaient indispensables pour organiser le débat. Les nouvelles technologies permettent, en complément, la connexion directe des individus entre eux, donnent la possibilité d'utiliser leur intelligence collective. Cela crée des valeurs nouvelles.

Dans tous les domaines, les TIC permettent l'émergence de nouveaux talents, beaucoup plus rapidement et de manière plus démocratique. Elles permettent de faire découvrir des tribuns, des chercheurs ou des esprits brillants parce qu'ils sont reconnus par leurs pairs. Elles peuvent leur apporter une reconnaissance plus rapide mais également plus juste. Lorsque 10 000 chercheurs en mathématiques disent de l'un des leurs qu'il est bon, c'est parfois plus juste et plus efficace que lorsqu'il s'agit de l'avis de quelques professeurs d'université. Avant, les chercheurs se rencontraient de temps en temps dans les colloques ou lors de réunions dans les universités. Aujourd'hui, ils travaillent ensemble de façon permanente. Cela change tout. On voit émerger de nouvelles formes de coopération très riches. En fait, la puissance productive d'un réseau ne réside pas uniquement dans le nombre de points qui le constituent, mais dans le nombre de liens. La force du cerveau, ce ne sont pas les neurones, mais les synapses, c'est-à-dire les connexions entre les neurones. Grâce aux nouvelles technologies, chaque jour, on voit émerger de nouvelles formes de collaborations.

Tous les aspects de la vie sociale sont ainsi bouleversés par cette mise en réseau des individus.

Dès lors, assiste-t-on à la création de nouveaux liens entre l'individu et le collectif ?

Ce lien change de manière très profonde. Désormais, ce qui va définir le collectif ne sera plus uniquement ce qui définissait les communautés rassemblées par des corps intermédiaires – églises, associations, syndicats, partis politiques, clubs de sport... – mais l'utilisation commune de plates-formes. Par exemple, les utilisateurs d'eBay constituent aujourd'hui une communauté de même que Organizing for America, la plate-forme d'Obama. Ce sont des langages et des pratiques sociales, qui créent des espaces communs.

Mais il s'agit souvent de communautés éphémères ?

De fait, l'individu est beaucoup plus mobile, sans engagements durables définis par des marqueurs sociologiques : je suis ouvrier, je m'inscris à la CGT et, durant toute ma vie, je serai à la CGT. L'individu montre désormais l'ensemble de ses facettes, il devient la norme, et cela permet aussi un plus grand décloisonnement entre les communautés. Avant, il avait quelques engagements – la famille, le travail, la religion –, et il changeait d'habits selon qu'il se trouvait à l'usine ou à la messe le dimanche. Maintenant, il a son profil Facebook. Il montre à ses amis la variété de ses engagements, durables ou volatils. De fait, l'espace public se restructure en permanence, de manière plus mobile, à l'aune des engagements individuels, agrégés. Émerge aussi une menace, celle d'une fragmentation de l'espace public, qui disparaîtrait au profit de l'adjonction d'espaces communs. Toute mon expérience tend à réduire le poids de cette menace : il existe une proximité et une circulation entre des sphères qui, jusqu'ici, ne se parlaient pas. Il y a aujourd'hui davantage de ponts entre communautés. Et ces ponts, ce sont désormais les individus.

On reste donc au niveau de l'individu ?

Oui, mais on ne parle plus d'un individu centré sur un égotisme béat, on parle d'une personne qui a de nouvelles formes d'action. Par exemple, il existe aujourd'hui une culture YouTube mondiale. Chaque jour, il y a des dizaines de millions de personnes qui partagent, sur YouTube, non pas des spots publicitaires, mais leur vie quotidienne devant leur Webcam et avec leurs productions. L'anthropologue Michael Wesch l'a montré dans une recherche passionnante. Il se crée ainsi un langage particulier entre des personnes qui sont dans tous les pays du monde, par-delà les classes sociales. Il s'agit d'une vraie culture : ils ont des noms, une manière particulière de s'exprimer commune, des productions communes, un sentiment d'unité. D'autres liens collectifs émergent, sauf qu'il ne s'agit pas de liens collectifs imposés mais librement décidés, au gré de l'utilisation de cette formidable plate-forme de mise en commun que sont les outils d'expression personnelle.

Mais n'est-ce pas aussi une réponse virtuelle à l'esseulement de l'individu dans nos sociétés modernes ?

Toutes les études prouvent que les individus ne se contentent pas de rester derrière leur écran : ils créent des relations assez fortes dans la « vraie vie ». Et je pense que cela va se renforcer. Le côté « virtuel pur » est en train de s'effacer doucement, ou de se cantonner à des usages ludiques, par exemple. On voit se créer des liens, les gens se connectent, et naissent des amitiés qui ne sont pas illusoires. Nous avons de nombreux témoignages à ce sujet. Je pense, par exemple, à un homme qui a eu un cancer et qui l'a chroniqué sur YouTube. Il a reçu le soutien de dizaines de personnes et a pu échanger avec elles. Au final, il a noué des liens précieux. Ce n'est pas toujours facile de raconter sa maladie à ses proches. Les modes de sociabilité changent, de nouvelles intimités se créent.

> *Les outils nouveaux – le téléphone portable, les prothèses qu'on a créées, l'ordinateur, l'Internet, la mémoire de Google – nous changent, on est déjà des mutants."*
>
> Joël de Rosnay, « L'encyclopédie de la création » (émission de TV canadienne)

N'y a-t-il pas, cependant, un risque de marchandisation de soi ?

Non. Certes, les formes de sociabilité, de la « génération Y », fonctionnent selon un nouveau registre : la médiatisation de soi, sa narration, pour les autres (regardez ce que je suis en train de faire, réagissez). Mais marchandisation, non, je ne crois pas. On reste dans une sociabilité, très éloignée de toute logique marchande.

N'y a-t-il pas également un risque lié à la consommation ?

Les grandes marques et les entreprises sont poussées par des consommateurs de plus en plus exigeants. Elles essaient donc de devenir les hébergeurs de communautés ; souvent, elles peuvent faire illusion, parfois, elles y parviennent. Mais le consommateur n'est pas dupe. Lorsqu'il va sur la plate-forme d'une marque, il le fait dans une logique transactionnelle. Il dit : je veux bien venir ici, mais en échange, vous devez me donner quelque chose, m'apporter un bénéfice réel. En revanche, je pense qu'il existe un risque dans le fait que tous ces créateurs de culture – YouTube, Facebook... – sont tous des acteurs privés. Le risque tient à leur puissance, à leur capacité à normaliser des pratiques sociales dans un intérêt uniquement commercial. Évidemment, cette influence est contrebalancée par le fait que ces marques/plates-formes dépendent de leurs utilisateurs. En d'autres termes, si l'influence est trop forte, les individus peuvent s'en écarter.

Cela dit, on voit bien que Facebook exerce déjà une influence considérable sur la manière de penser la société.

Comment peut-on faire face à ce risque ?

Il faut donner plus de pouvoir aux utilisateurs. Certes, l'État ne peut pas espérer remplacer ces acteurs-là ; ils sont trop puissants, trop intelligents, trop mobiles. En revanche, il doit penser de nouveaux modes de régulation pour faire en sorte que ces acteurs n'aillent pas trop loin dans leur capacité d'influence. Facebook s'apparente à une rue, à un espace public, et donc il n'a pas tous les droits. Par exemple, concernant la promotion de l'alcool, la loi Évin existe, elle doit pouvoir s'appliquer sur les plates-formes. Il faut trouver la manière de faire respecter la loi au sein de ce nouvel espace public, comme on le fait dans la rue (mais pas plus). La puissance publique doit donc s'en mêler, mais en respectant aussi les nouvelles valeurs de ces réseaux. Aujourd'hui, les tentatives de régulation consistent surtout à essayer de remettre les anciens modèles en place. Par exemple, les syndicats sont dépassés par les mobilisations en réseau. Pour y faire face, les pouvoirs publics ont tendance à redonner du poids à ces corps intermédiaires qui leur facilitent la vie. Ils devraient plutôt tenter de favoriser et de légitimer cette capacité collective de mobilisation en lui donnant des débouchés intelligents. C'est le cas, par exemple, en Écosse où le Parlement a autorisé des pétitions en ligne qui permettent de mettre à l'ordre du jour un certain nombre de sujets. Il a donc donné un débouché démocratique à ces nouvelles formes de mobilisation. Et ce faisant, il a montré son respect pour la valeur qu'elles peuvent créer.

Et la démocratie dans tout cela ?

Il y a d'abord la question du débat public qui subit les mêmes effets avec des phénomènes de réallocation d'autorité. Si quelqu'un a un talent, il a désormais la capacité de se médiatiser et d'être reconnu par ses pairs. Il s'agit de phénomènes de désintermédiation. Jusqu'ici, l'homme politique avait une sorte de monopole de représentation. Désormais, il se trouve dans une situation de concurrence de légitimité avec de nouveaux acteurs. Cela dit, je ne crois pas à la société auto-organisée en réseaux, souvent prônée par les prophètes du Web : la société a besoin de représentants pour prendre des décisions. Mais ces derniers doivent maintenant être capables d'approfondir leurs modes de collaboration avec les citoyens. Par exemple, sur un projet de territoire, le mode de fonctionnement traditionnel passait par la campagne électorale, la confrontation publique devant les électeurs qui, ensuite, choisissaient. Puis, l'élu avait cinq ou six ans pour mener sa politique. Aujourd'hui, il existe une exigence de débat permanent sur l'ensemble des sujets tout au long du mandat. Un représentant intelligent va donc mobiliser les réseaux numériques pour consulter, dialoguer, informer en permanence. Nous avons, par exemple, organisé un débat en Seine-et-Marne sur un projet de territoire. Des dizaines de milliers de personnes ont participé et ont exprimé des opinions nouvelles, inhabituelles. Lors des réunions physiques, on rassemble quelques dizaines de participants ; on touche toujours les mêmes, ceux qui ont le temps, qui sont très impliqués. Avec le Web, on a la possibilité, d'une façon plus souple, d'élargir considérablement la participation des citoyens. Le Web constitue un outil efficace pour cela, mais il suppose une certaine ouverture de la part des représentants.

Assiste-t-on à une remise en cause de la démocratie représentative ?

Cette remise en cause est très partielle. Lorsque l'on examine l'expression politique en ligne, on s'aperçoit qu'elle concerne une demande ou une critique à l'égard des représentants. Il n'y a pas une autonomie propre de l'espace public numérique. Ce n'est pas dans

“

Quelques chiffres :

600 000 nouveaux membres s'inscrivent sur Facebook chaque jour, 700 millions de photos et 4 millions de vidéos par mois.

Source : Inside Facebook – février 2009

18 millions de nouveaux utilisateurs sur Twitter par an et 4 millions de tweets envoyés quotidiennement.

Source : TechCrunch – avril 2009

900 000 billets sont publiés chaque jour sur les blogs.

Source : Technorati : State of the Blogosphere – 2008

YouTube, c'est 1 milliard de vidéos vues quotidiennement sur le site[1] et un coût d'un million de dollars de bande passante ; 250 000 objets virtuels sont « fabriqués » chaque jour sur Second Life et 1 250 de messages texte par seconde.

Source : Linden Lab release – septembre 2009

Plus de 2,3 trillions de SMS envoyés sur les principaux réseaux dans le monde en 2008.”

Source : Everysingleoneofus, sms statistics

1 Source : SMH – 2009

un endroit où les choses se décident virtuellement. Les gens ne donnent pas aux politiques un blanc-seing, mais ils légitiment leur rôle. Cette configuration n'a pas fondamentalement changé, on attend toujours d'eux qu'ils prennent les décisions. En revanche, le rapport à l'électeur change puisqu'il existe désormais une horizontalité forte. Par exemple, Nicolas Sarkozy a très bien senti ce mouvement en invitant onze Français à échanger avec lui. Cette émission montrait bien comment le rapport de ces citoyens avec leur président de la République avait radicalement changé. À cela, il faut ajouter que le Web constitue un endroit social qui a deux capacités. La première tient au fait qu'il est directement connecté aux espaces de connaissance. Dans le café du coin, on est très loin de la bibliothèque. Dans les forums de discussion, les blogs, les gens ont la capacité d'accéder, en un clic de souris, à l'article, au texte de loi dont ils ont besoin... Cet enrichissement potentiel du débat est très fort, mais il est nécessaire que les politiques s'en emparent. Il faut que les données publiques soient plus accessibles dans l'espace numérique et qu'elles viennent nourrir en permanence le débat. La deuxième capacité du Web tient au fait qu'il permet une vraie diversité culturelle et sociale. Le café avant était souvent très normé, café de pauvres ou café de riches. Sur le Web, il est objectivement plus divers, même si les différences ne sont pas totalement gommées. Les citoyens se confrontent davantage à des points de vue différents. Certaines études ont vérifié l'existence de cette diversité. En fait, celle-ci réside plus dans la connexion entre les différents cafés qu'au sein des cafés eux-mêmes. Le café aujourd'hui, c'est l'individu : c'est mon blog, mon Facebook, etc. Je pense qu'il y a une plus grande circulation entre les classes sociales, même si les gens ont tendance à discuter avec ceux de leur milieu. Ce qui est nouveau, c'est que la connexion est possible avec autrui, et qu'elle a lieu.

Le Web ne risque-t-il pas d'être aussi un formidable outil pour faire de la communication ?

L'ère de la télévision a été marquée par une très forte propagande. À l'heure du Web, ce type de pression est difficile à mettre en place. Cela ne veut pas dire qu'un néopopuliste intelligent qui saurait embrasser ce langage des réseaux ne pourrait pas avoir une capacité de nuisance importante. Barack Obama joue d'ailleurs de cette forme de populisme, il met en valeur le peuple contre les élites, et le discours plaît. Heureusement, il n'est pas un dangereux extrémiste. Mais qui sait, s'il l'avait été, s'il n'aurait pas généré un antidote par réaction : le Web est un espace qui génère en permanence les antidotes de ses excès.

Mais il y a toujours une utilisation très descendante de l'outil dans le domaine politique...

Du point de vue de l'utilisation de l'outil, Barack Obama est très fort. Dans son mouvement politique, il délègue énormément de pouvoir aux militants en leur fournissant des grandes lignes directrices et des tonnes de cartouches (argumentaires, vidéos, etc.) pour mener individuellement ou par groupes des actions avec une grande autonomie, sans forcément dépendre de secrétaires de section. Cette nouvelle forme de communication lui a donné une grande puissance. Il s'agit d'une nouvelle forme d'action qui respecte davantage l'individu et lui délègue plus de pouvoir. Nous sommes dans la finesse de l'utilisation politique de ce type d'outil, dans l'articulation entre un discours fort, en haut, et une granularité des outils. Barack Obama est une machine de guerre politique très efficace. Cela dit, il y a tout de même eu de réels débats. Par exemple, les gays de Californie ont fait un lobbying interne très important pour qu'Obama se prononce contre l'interdiction du mariage homosexuel dans cet État (la « Prop 8 »). Comme il n'a pas pris parti, il a eu du mal à se rallier cette communauté. Les gens

Le
numérique
constitue une
formidable occasion de
renouveler le rapport
du citoyen au politique.

ne sont pas dupes. Obama a écouté, décidé, géré sa relation avec ce groupe de pression, qui manifestait en ligne parfois durement contre lui. En France, on attend le politique qui saura vraiment être un communicant de l'ère numérique. Nicolas Sarkozy ne l'est pas : il a perdu la bataille du Web et a vraiment des réflexes de communicant de l'ère télévisuelle. Ségolène Royal avait fait un premier pas, intéressant, participatif, mais brouillon, sans jouer profondément le jeu.

Existe-t-il, selon vous, une fracture numérique ?

Elle a de moins en moins de déterminants sociaux purs. À Clichy-sous-Bois, les jeunes se débrouillent, ils ont tous accès au Web et ont tous des téléphones portables. Cela dit, la fracture numérique reste un enjeu extrêmement fort, surtout dans le domaine de l'éducation et dans la capacité à se mouvoir aisément dans ce nouvel espace. Tout le monde n'est pas égal devant le numérique. Il va falloir intégrer dans l'éducation cette composante qui n'est pas seulement un apprentissage des outils, mais aussi une capacité à intégrer cette pratique de l'outil et ses usages sociaux. La question est de permettre à tout le monde d'y avoir accès, certes, mais aussi de s'y mouvoir avec intelligence.

Peut-on, de ce point de vue, mettre de côté la question de la culture générale ?

La culture numérique, pour moi, fait partie des humanités. Apprendre à écrire, à lire et à compter, cela reste la base. Mais pour se mouvoir dans l'espace public numérique, il va falloir apprendre cette littérature technologique. C'est un pan de plus à ajouter à la culture générale.

Comment voyez-vous l'avenir du point de vue du rapport entre la démocratie et le numérique ?

Le numérique constitue une formidable occasion de renouveler le rapport du citoyen au politique. Il offre un accès à la profondeur politique. Beaucoup sont sceptiques, mais tout montre que cet élargissement existe. Il y a une capacité énorme d'approfondissement

"

L'information ne nous rend plus savants et plus sages que si elle nous rapproche des hommes. Or, avec la possibilité d'accéder, de loin, à tous les documents dont nous avons besoin, le risque augmente d'inhumanisation. Et d'ignorance. Désormais la clé de la culture ne réside pas dans l'expérience et le savoir, mais dans l'aptitude à chercher l'information à travers les multiples canaux et gisements qu'offre Internet. On peut ignorer le monde, ne pas savoir dans quel univers social, économique et politique on vit, et disposer de toute l'information possible."

José Saramago, *Le Nouvel Observateur*, 7 septembre 2006

de la collaboration entre les élus et les citoyens, riche, appuyée sur de la connaissance. Mais cela suppose une ouverture de la part des politiques, qu'ils prennent enfin au sérieux le potentiel du Web. Enfin, il existe une très forte exigence de transparence à l'égard de l'action publique. Il faut y répondre en ouvrant les portes des données publiques. Il ne s'agit pas de mettre sur Internet un fichier PDF moche dans le bas de l'écran mais de rendre ces données accessibles, lisibles, afin qu'elles puissent alimenter le débat public en continu. Si l'on n'y répond pas, cette exigence de transparence va se transformer en rancœur et le Web va devenir une sphère de défiance, de déconnexion totale, de divorce, de révolte ou de révolution. On n'est pas très loin de cela aujourd'hui. Il faut donc que les politiques jouent tous ces changements de manière positive. C'est avant tout leur responsabilité.

numérique

À la recherche du commun

L'horizontalité des contacts humains, permise par les nouvelles technologies, n'a pas pour autant mis en cause la nécessité d'une certaine verticalité, surtout dans un pays comme la France où l'on attache beaucoup d'importance au sens, à la finalité des choses. Les nouvelles technologies ne peuvent pas tout régler car la recherche du commun ne peut être l'addition de petits communs sur Internet. Mais, grâce à elles, les gens s'approprient le monde parce qu'ils s'interrogent sur leur lien aux autres. Stéphane Rozès, ancien directeur général de CSA, aujourd'hui président de la société CAP (Conseils, Analyses et Perspectives), enseignant à HEC et Sciences-Po, analyse cette quête du commun.

Vous avez dirigé un grand institut de sondage (CSA), vous êtes maintenant à la tête de votre propre entreprise, CAP. À partir de cette expérience, quelle est votre vision des évolutions de la société française ?

Il y a eu un moment de bascule qui nous a fait passer d'une situation où les décideurs offraient des choses aux individus, les entreprises des biens et services aux consommateurs, à celle où, peu à peu, les individus ont été en demande. Ceux-ci sont alors devenus des acteurs et ils sont venus bousculer les dirigeants, les entreprises, les politiques, ceux que l'on appelait les leaders d'opinion et les leaders économiques. En France, il y a une culture de la maîtrise de l'offre qui fait que les décideurs économiques et politiques sous-estiment les personnes à qui ils s'adressent. On a longtemps considéré que les décideurs étaient les producteurs de messages et les initiateurs de conduites. Or, j'ai constaté, tout au long de mon expérience de sondeur, qu'en fait ce sont les individus qui conduisent le changement et le mouvement. Ce mouvement s'est accéléré dans la dernière période. En outre, s'opère une révolution silencieuse qui modifie les comportements.

De quelle façon ?

Ma thèse est la suivante : la crise financière, ses effets économiques et sociaux et la crise climatique viennent percuter les contradictions des individus. Ces deux crises ont comme point commun d'indiquer aux différents acteurs de la société que les conduites de court terme peuvent être contradictoires avec le souhaitable de moyen et de long termes des individus, groupes sociaux et nations. Autrement dit, on ne peut pas tout avoir, il faut définir des priorités. Du coup, les individus sont en train de redéfinir leurs rapports au collectif, au long terme, au bonheur, à la réussite dans la vie... En un mot, comme le possible et sa projection dans l'avenir se restreignent, ils sont en train de reconfigurer la question du souhaitable. C'est un travail sur eux-mêmes et sur leur imaginaire. Alors, ils attendent des entreprises qu'elles les aident – au travers de leurs actes d'achat de produits et de services – à construire la cohérence qu'ils recherchent en eux. Ils vont vouloir s'assurer que, lorsqu'ils recourent à telle ou telle entreprise, ce ne sera pas au détriment du souhaitable en termes social, environnemental et sociétal.

Il y a donc désormais le souhaitable et le possible ?

Les individus veulent le beurre et l'argent du beurre, mais dans la dernière période, ils ont eu plus de mal à se projeter dans un avenir meilleur – je parle dans nos pays développés. C'est ce qu'avait permis le capitalisme managérial – l'idée que demain sera meilleur qu'aujourd'hui – avec une définition du bonheur se fondant sur ce que j'appelle des valeurs de distinction : comment est-ce que je me distingue des autres par mes modes de consommation ? Or, le capitalisme le plus récent, celui de la finance, en « déverticalisant » les entreprises, en donnant à penser que les logiques financières s'autonomisent par rapport aux logiques économiques, entraîne l'idée que demain pourrait être moins bien qu'aujourd'hui, que plus on avance, plus on recule. Cette inquiétude fait que les individus vont désormais rechercher ce que j'appelle des valeurs de communion et de protection… la nation, les services publics, la République, la communauté, les identités… mais ils le feront de manière un peu différente.

Vous voulez dire qu'aujourd'hui nous revenons à ces valeurs ?

Oui. Certaines sont universelles, d'autres régressives, comme le communautarisme par exemple. Mais ces valeurs de communion, quelles qu'elles soient, expriment des aspirations de moyen et de long termes, alors que les conduites peuvent être toujours de distinction. La crise vient percuter ces contradictions. Nous le voyons très bien dans les comportements de consommation. Lorsque les individus ont moins de ressources, les consommations d'ostentation régressent. En revanche, les nouvelles technologies, la téléphonie qui relient les hommes, en dépit de la crise, continuent de se développer. Les pratiques culturelles, telles que les visites de musée, le cinéma, les expositions, les amis que l'on invite à la maison – on va moins au restaurant –, montrent que les individus sont en train de reformer les modes d'appropriation du quotidien en allant chercher le commun plutôt que le distinct…

Qu'est-ce que signifient les évolutions des modes de consommation dont vous parlez ?

Ils posent la question du lien entre les personnes. Mon explication systémique est la suivante : comme l'avenir se dérobe, les individus sont obligés de s'approprier ce monde qui leur échappe. Pour moi, l'imaginaire, c'est-à-dire les représentations des individus, groupes sociaux et nations, ce n'est ni le réel, ni l'illusion du réel, c'est une façon de s'approprier le monde. Dans ce contexte, je comprends la question des nouvelles technologies comme étant une façon de se l'approprier horizontalement, parce que les individus ont toujours besoin de se dire : qu'est-ce qui fait mon lien aux autres ? C'est d'autant plus vrai que ces outils ne sont pas des outils de passivité – comme la télévision par exemple – mais qu'ils permettent au contraire d'être coproducteurs de ce monde. En d'autres termes, les individus y ont leur place. Grâce à ces outils, ils s'approprient le monde, mais en même temps, collectivement, ils s'interrogent sur l'avenir. De ce point de vue, les nouvelles technologies constituent, dans le moment charnière actuel, des outils qui permettent de mettre des balises. Autrefois, évidemment, il y avait de grandes peurs, de grandes inquiétudes, mais les individus avaient le sentiment d'être passifs face à elles. Aujourd'hui, ce n'est plus le cas. Après le Web diffusant de l'information, il y a eu le Web de la coproduction. On assiste maintenant à un rééquilibrage entre horizontalité et verticalité ; les individus veulent se réapproprier les informations les concernant ou les partager avec ceux dont ils estiment qu'ils ont un commun. Ces comportements impactent les entreprises elles-mêmes.

De quelle façon ?

Par exemple, dans l'entreprise, les salariés sont également des citoyens, de leur nation, de l'Europe, du monde, mais aussi des parents, des consommateurs, des usagers... Lorsqu'ils arrivent dans une société, ils apportent tout cela. La culture des entreprises est donc une culture qui change. Cela n'est pas seulement lié au fait que les nouvelles technologies arasent les verticalités antérieures – l'existence des petits chefs par exemple – mais aussi à un développement culturel impressionnant. Dans les familles, les jeunes sont ceux qui apportent la connaissance aux parents *via* les nouveaux moyens d'information. Du coup, les relations à l'intérieur même de la famille deviennent moins verticales. Tout cela est advenu avec une très grande rapidité grâce à la confluence entre ces moyens de communication nouveaux et l'élévation du niveau culturel et de formation dans nos sociétés.

Celui-ci est-il lié aux outils ou à une évolution plus générale de la société ?

Je dirai les deux. Il est lié au fait que les individus acceptent, par l'individuation de la société, d'être de plus en plus moteurs de leur vie. Mais, en même temps, ils ont toujours besoin du commun vertical. En d'autres termes, qu'est-ce qui fait que j'appartiens à quelque chose et à quoi ? Lorsque les individus vont sur la Toile et qu'ils se retrouvent dans différentes communautés parallèles, qu'est-ce qui est le plus important pour eux ? Est-ce le fait d'être fan d'une star de rock, passionné par une pratique culturelle ? Est-ce le fait de pouvoir empiler ces milieux d'appartenance ? Ou est-ce le fait de se retrouver entre gens qui communient autour d'un même objet ? Sans doute un petit peu de tout cela... Contrairement à certains, je ne crois pas que les individus puissent se passer de verticalité, en d'autres termes de transcendance, de dépassement. Surtout dans un pays comme le nôtre. De ce point de vue, je pense qu'il y a un imaginaire français qui ne ressemble pas à l'imaginaire anglo-saxon.

Comment pourriez-vous définir cet imaginaire français ?

La question des finalités doit toujours l'emporter sur celle des procédures. Je pense que l'un des problèmes de notre pays est que les réformes sont conduites à l'anglo-saxonne. Or, ce n'est pas notre culture. La culture anglo-saxonne est celle du « comment » avant d'être celle du « pourquoi ». Le pourquoi, c'est la verticalité, le comment, c'est l'horizontalité. Le pourquoi, c'est la question de la finalité ultime, celle du dépassement, celle du sens. En d'autres termes, le fait d'adhérer à une procédure commune ne fait pas sens en soi, d'où les difficultés pour mettre en œuvre des réformes dans beaucoup d'entreprises privées ou publiques et au sein de l'État. Par exemple, souvent, les entreprises venant d'une culture de service public subissent un choc culturel confronté à la concurrence. L'entreprise publique était au service de la nation et signifiait un dépassement des individus et des groupes sociaux alors que le marché impose la compétition. En France, le terme « marché » pose plus de problèmes que dans tout autre pays au monde, et c'est chez nous, dans les études internationales, qu'il est le plus connoté négativement. Cela ne signifie pas que les Français ne s'approprient pas ce marché, à l'égal des autres peuples, mais pour eux, le fait d'échanger horizontalement ne constitue pas en soi une identité. Le rapport à la réussite, à l'argent, ne fonctionne pas comme dans les autres pays. Il faut sans cesse définir le commun en regardant dans une direction qui définit une verticalité.

Cela tient-il également à l'héritage révolutionnaire ?

L'héritage révolutionnaire n'est que l'expression modernisée de choses plus anciennes, c'est-à-dire la façon dont les Français envisagent la question du droit divin, la monarchie absolue, le débat entre les jésuites et les jansénistes... Notre identité est le fruit du renouvellement permanent d'une dispute commune. Il s'agit toujours de regarder dans la même direction, et ensuite on se dispute sur le contenu. Lorsque la dispute est forte, le commun est fort. En revanche, notre pays est en cale sèche quand il n'y a ni dispute ni commun. C'est le cas actuellement. Du coup, nous nous déployons dans les nouvelles technologies de l'information, dans le mode de l'horizontalité à l'intérieur duquel nous cherchons des miniverticalités. Les individus essaient d'investir du sens beaucoup plus que dans les autres pays. Cela donne des caractéristiques propres, par exemple, la publicité à la française, un investissement dans les entreprises beaucoup plus affectif, qui caractérisent les spécificités, chez nous, du corporate. Les patrons anglo-saxons font du business et ensuite deviennent amis, alors qu'en France, il faut toujours être un peu amis avant de commencer à faire du business. En un mot, il faut d'abord chercher le commun.

Dès lors, y a-t-il une crise du sens dans ce pays ?

Il y a une crise des organes traditionnellement porteurs de sens. Cela dépend évidemment des moments. Par exemple, lors de la dernière élection présidentielle, le fait que les citoyens se sont rués aux urnes indique que le pays a voulu se réapproprier la question du sens. Les origines de la crise politique résident, selon moi, dans le fait que les hommes politiques chargés de dire ce qu'il y a de commun, peu à peu, se sont déresponsabilisés en arguant par exemple de la responsabilité de Bruxelles ou de la complexité du monde… Cette « déresponsabilisation » – comme réponse à des réalités de dépossession liée à des raisons profondes pour la classe politique – devient insupportable à partir du moment où les Français ne se reconnaissaient plus dans ces tutelles extérieures. De ce point de vue, l'épisode européen a constitué un moment charnière car les Français voient l'Europe comme la France en grand, qu'ils soient de droite ou de gauche. Lorsque, peu à peu – surtout après la victoire du non en 2005 –, l'Europe n'apparaît plus comme telle, les Français veulent remettre à l'Élysée le cœur de ce que l'on a en commun. Ils vont donc chercher des personnalités comme Nicolas Sarkozy et Ségolène Royal qui avaient pour caractéristique commune de dire qu'ils voulaient entraîner le pays dans le monde tel qu'il est, non pas en fonction de contraintes extérieures dans lesquelles les Français ne se reconnaissaient pas. Cette incarnation au travers du président de la République est ce que j'appelle le spirituel. La présidentielle a été un moment où le pays a voulu se réapproprier la question du sens au travers d'une verticalité, d'une incarnation. Au sein de l'entreprise, le besoin de commun et de verticalité est nécessaire au travers d'un projet, du métier ou de la personnalité du patron.

Cela ressemble à une réappropriation ou à une tentative de réappropriation ?

Cela ressemble à une volonté de réappropriation. L'essentiel pour le pays était de remettre à l'Élysée le lieu de l'incarnation. La crise actuelle vient du fait qu'il ne suffit pas d'incarner – c'est tout à fait décisif, et Nicolas Sarkozy le fait très bien –, il faut aussi, lorsque les individus ne parviennent plus à se projeter dans l'avenir, construire un récit. Le Président actuel peine à le faire car ce qui faisait ses qualités d'incarnation, un « moi » fort, ne l'aide pas à maintenir un faible « surmoi », qu'il a constitué lors de la campagne et qui, dès le soir même de l'élection, a été mis de côté. Autrement dit, il faut quelqu'un qui, à la fois, dise : je suis là et je m'occupe des choses, et laisse à penser qu'au-dessus de sa personne il y a un dépassement. La verticalité, au plan politique, doit articuler l'incarnation et le récit. C'est-à-dire un dosage subtil entre le moi et le surmoi. Je pense que, dans les moments de crise, le spirituel l'emporte sur le temporel. La politique, chez nous, ce n'est pas seulement une procédure démocratique horizontale. D'ailleurs, la République n'est pas la démocratie, c'est une modalité démocratique de notre imaginaire. On ne va donc pas essentiellement investir dans le politique avec pour objectif d'élire le meilleur, mais celui qui défend nos intérêts, mais celui qui, au travers de sa personne, nous représente et nous donne une place au sein du commun au travers d'une dispute commune qu'est une présidentielle.

Les nouvelles technologies sont-elles un moyen de cette réappropriation ?

Ce que j'appelle les spécificités françaises, c'est-à-dire le rapport des Français à la verticalité, peut apparaître, de ce point de vue, comme pénalisantes. Or, il y a une particularité, que nous avons d'ailleurs en commun avec les Américains, qui est le rapport à l'universel. Les Français ont toujours tendance à penser – à tort – que les autres fonctionnent comme eux. Ils pensent que les Italiens sont des Français un peu plus chaleureux... Du coup, nos amis étrangers nous trouvent terriblement arrogants, ce qui étonne les Français. Cette façon de fonctionner vient de leur histoire et de leur identité, du fait aussi que la France est une terre d'immigration. Est français celui qui justement parvient à mettre de côté sa singularité pour aller chercher le commun. Les Français sont projectifs politiquement, ils le sont également dans leur façon de s'approprier les nouvelles technologies. Ils ne sont pas fermés ou ouverts, ils sont projectifs ou non, selon les moments. Ils s'approprient donc ces nouvelles technologies. Les spécificités de notre imaginaire amènent les Français à bien savoir diriger les multinationales qui sont d'incessants arbitrages entre le distinct et le commun.

Mais y a-t-il une façon française de le faire ?

Cette appropriation des nouvelles technologies se fait plus qu'ailleurs au travers des contenus et d'investissements émotionnels et de sens. On revient là aux questions du sens, de la dispute, de la conversation... Par exemple, lorsque les entreprises anglo-saxonnes parlent de leurs produits sur Internet, elles mettent en avant leur rapport qualité/prix. Les Français ont tendance, en revanche, à valoriser des questions de contenu, de rapports à la société... Les nouvelles technologies permettent des appropriations de contenu dans une conversation.

Mais elles ne vont pas sans créer des tensions ?

Effectivement. Les individus se les approprient en tant que citoyens, utilisateurs, consommateurs... Mais, en même temps, il y a une inquiétude et une interrogation : est-ce que l'on ne concourt pas, en s'appropriant ces nouveaux moyens de communication, à saper le système social ? Cette tension existe effectivement. L'espace et le temps sont compactés par ces technologies et cela renforce l'interrogation : où tout cela nous conduit-il ? Demain peut-il être meilleur qu'aujourd'hui ?

N'est-ce pas au fond une interrogation liée à l'évolution du monde en général ?

Ce ne sont pas les technologies qui rendent l'avenir contingent, mais l'éloignement entre les logiques technologiques et économiques d'un côté et les logiques sociales de l'autre. Il s'agit d'une question politique qui concerne la gouvernance nationale, européenne et internationale. Il y a cette idée de plus en plus partagée, non seulement par les politiques et les journalistes, mais aussi par les chefs d'entreprise et les financiers dans le monde, que la crise financière, la crise écologique, la crise du leadership américain doivent entraîner une nouvelle gouvernance internationale. Ne serait-ce que parce que les financiers ont besoin d'un minimum de visibilité. En fait, le caractère contingent de l'avenir et l'inquiétude sur le fait que la consommation de nouvelles technologies pourrait aggraver la situation ne proviennent pas centralement de celles-ci.

L'idée que les nouvelles technologies pourraient, par exemple, être responsables du chômage ne semble-t-elle pas avoir reculé dans la tête des Français ?

Si. Cette évolution tient au fait que, dans leur imaginaire, la contradiction n'est plus à l'intérieur du mode de production mais entre la sphère économique et la sphère financière. Le rapport moral des Français à l'économie les conduit à construire la sphère financière comme autonome, voire contraire à la bonne économie. Il s'agit d'une évolution que nous repérons dans les classes moyennes depuis le milieu des années 1990. Enfin, la raison pour laquelle les nouvelles technologies sont moins pointées du doigt provient peut-être du fait que les Français se les approprient au quotidien. Ils expérimentent le fait que l'on ne peut en avoir une approche substantialiste, c'est-à-dire qu'en soi, elles pourraient régler ou aggraver tous les problèmes. On assiste à une démythification de celles-ci. Chacun voit dans son quotidien qu'il est possible d'en avoir mille usages. C'est comme si les gens remettaient cet outil technique à sa place, c'est-à-dire à celle d'un accélérateur d'usages sociaux. En fait, les individus, avec les contradictions, intériorisent les évolutions du capitalisme.

Le capitalisme managérial les amenait à vouloir se distinguer, assurés qu'ils étaient d'un avenir commun meilleur. Le capitalisme patrimonial épuisant cette promesse, ils recherchent du commun protecteur. Pour l'heure, la conduite est marquée par le distinct, les valeurs par le commun, et le Web devient un lieu d'appropriation de cette tension. La pratique des nouvelles technologies les amène à expérimenter sur eux-mêmes le monde. Les nouvelles technologies permettent aux individus de constituer un imaginaire autour de la question : où suis-je ? Ils peuvent pour cela aller chercher des minicommunautés qui prouvent qu'il y a du commun, sans résoudre pour autant la question : où ce monde va-t-il ?

On revient à la recherche du commun...

Oui, mais les nouvelles technologies ne peuvent pas tout régler car la recherche du commun ne peut être l'addition de ces petits communs sur Internet. C'est plutôt la réponse à la question : est-ce que je peux déléguer à une instance autre que moi le soin de résoudre ces contradictions, mes propres tensions ? Soit par l'intervention politique, soit par le fait de mettre autour de la table des gens dont je sais qu'ils ont des opinions différentes, lors de négociations sociales par exemple… En fait, l'horizontalité se déploie, la recherche de communs aussi, mais je crois que, fondamentalement, les individus ne peuvent pas faire l'économie de la verticalité. Je pense même que l'inquiétude environnementale et climatique – sans pour cela prendre parti sur son bien-fondé, ce n'est pas mon propos – recrée du commun. La menace climatique sur la planète est une façon pour les individus de recréer un nécessaire commun pour y répondre quand le seul cours des choses semble créer de la distinction et de la régression. En d'autres termes, la peur climatique ne serait pas si importante si elle n'était accompagnée d'une peur économique et sociale. Cette peur est le moyen de redéfinir un commun quand le monde nous échappe…

N'est-ce pas aussi parce que les phénomènes d'individualisation ont conduit parfois à une certaine atomisation et donc à un certain isolement des individus ?

Plus les individus sont isolés, plus ils ont besoin d'un imaginaire. Je le répète : la question du grand commun est tout à fait décisive. Alors, on peut dire que ce n'est plus la nation, que c'est l'Europe ou le monde – ce qui constitue une verticalité. Mais il s'agit au fond de s'assurer que les conduites individuelles ne sont pas contradictoires avec le souhaitable commun. Je ne crois pas à l'idée, souvent portée par ceux qui sont à l'avant-garde de ces technologies, selon laquelle on pourrait se passer de la verticalité. Je conçois la verticalité non pas comme une question institutionnelle extérieure et s'imposant aux individus, mais comme une nécessité individuelle et sociale. Les nouvelles technologies peuvent permettre de tempérer la tentation des individus d'aller vers des verticalités régressives, vers l'autoritarisme ou le bouc émissaire, ou non…

Ne permettent-elles pas, également, de donner une plus grande cohérence à la vie des individus ?

Les individus font effectivement sur eux-mêmes un travail de plus grande cohérence. Les comportements nouveaux de consommation en témoignent. Ils cherchent à aller vers le commun et non vers la dispute. Les entreprises, de leur côté, ont compris que la société exprime une demande quant à leur capacité à vendre des produits et des services, mais que cela ne soit pas contradictoire avec le souhaitable. Pour la première fois – depuis environ trois ans –, les entreprises communiquent davantage sur leurs valeurs que sur les qualités de leurs biens et services. Mais deux Français sur trois sont défiants à l'égard de ces messages. Ce qui signifie que, dans le futur, il n'y aura plus de différence entre la communication corporate et celle sur les produits et les marques. Autrement dit, on va interpeller les entreprises sur leur empreinte sociétale et environnementale, et elles devront communiquer par la preuve : comment les salariés sont-ils traités ? Ce produit respecte-t-il telle ou telle norme sanitaire ou environnementale ? Dans ce contexte, les consommateurs vont de plus en plus utiliser les nouvelles technologies pour se faire une idée sur un produit, comparer, mais aussi pour s'informer sur les entreprises elles-mêmes...

Cela crée un nouveau rapport de force ?

Oui. L'utilisation des technologies ne concerne donc pas que les consommateurs mais aussi les citoyens, concernés par l'empreinte sociétale, sociale et environnementale des entreprises. Cette évolution oblige les sociétés à faire un travail de cohérence autour de ces trois questions. En d'autres termes, elles doivent travailler autour de l'identité, du message et de la conduite, avec la nécessité, pour cela, d'utiliser les nouvelles technologies. Je suis frappé de voir combien ce qui se passe sur Internet est devenu quelque chose de tout à fait décisif pour elles. D'autant plus que la Toile peut être également un

Nous entrons dans une nouvelle période de l'entreprise, après celle des ingénieurs, celle des gens de marketing, voici celle des « conversants » avec, comme support, les nouveaux moyens de communication.

bel outil leur permettant d'entrer en conversation avec les consommateurs. Je pense que nous entrons dans une nouvelle période de l'entreprise, après celle des ingénieurs, celle des gens de marketing, voici celle des « conversants » avec, comme support, les nouveaux moyens de communication. L'entreprise doit aujourd'hui être capable de se laisser absorber par la société et entrer en conversation avec elle. La conversation ne constitue pas seulement un échange marchand – c'est l'horizontalité – mais c'est aussi la construction de ce qu'il y a de commun. La conversation, c'est la construction d'un récit, et les nouveaux moyens d'information sont des outils de conversation.

conversation

Vous êtes donc optimiste ?

Dans une certaine mesure. Je suis optimiste en ce qui concerne les outils et les individus. En revanche, je m'interroge sur la capacité des instances économiques et politiques à se situer à la hauteur des enjeux. Mais tout le monde, y compris les leaders économiques au niveau international, admet que nous sommes en train de basculer dans un nouveau monde. Pour le chef d'entreprise, l'enjeu est d'être capable de se mettre aux côtés d'un collectif, surtout lorsque l'univers devient instable. Il ne s'agit pas seulement de la compréhension intellectuelle des phénomènes, mais de savoir se mettre à la fois au milieu et au-dessus de ses équipes. Au milieu, parce que l'on est ensemble, au-dessus, parce qu'il faut savoir trancher les contradictions. Dans les endroits où a été pensée la question du moyen et du long terme, les équipes comprennent bien que le chef d'entreprise n'est pas omnipotent. Mais l'essentiel est d'avoir une perspective. Si, pour aller au bout du chemin, il y a des embardées, des tempêtes, des déconvenues, le bateau peut tanguer et virer de bord, l'essentiel est que le cap soit maintenu. La question de la personnalité du chef d'entreprise est donc fondamentale. Elle tient dans la capacité de celui-ci à énoncer les tensions et à trouver l'élément de dépassement. Celui qui donne les ordres doit assumer ses responsabilités dans une projection commune. Nous rebouclons toujours sur la question du sens. Surtout, le chef d'entreprise doit veiller à ce qui est mon travail, celui de la mise en cohérence entre identités, messages et conduites des entreprises, qui sont travaillés et questionnés sur Internet par les individus.

"

Une fois que les pêcheurs du Kerala en Inde ont été équipés de téléphones mobiles, ils ont été capables d'appeler divers marchés et de fixer leur prix de vente avant même de décharger leur poisson sur les quais. En quelques semaines les fluctuations des prix du poisson ont diminué, augmentant les profits des pêcheurs de 9 % et réduisant les prix à la consommation de 4 %."

AFP, 2009

Vive la catastrophe !

Une certitude au terme de ces entretiens : les nouvelles technologies ont déjà changé nos vies. Mais allons plus loin : les TIC changeraient-elles notre cerveau et même notre condition humaine ? Loin de relever de la science-fiction, la question est au contraire d'une urgente actualité. Nous avons rencontré Boris Cyrulnik, qui dessine d'étonnantes pistes de changement de nos sociétés occidentales, se fondant sur son expérience unique au carrefour de la neurologie, de l'éthologie, de la psychiatrie et de la psychanalyse. Boris Cyrulnik, chercheur et professeur à l'université du Sud-Toulon-Var, est l'auteur de nombreux ouvrages, où il a entre autres développé le concept de résilience. Finalement, faut-il être optimiste ou pessimiste pour demain ? La brillante réponse de Boris Cyrulnik ouvre des perspectives.

De tous nos interlocuteurs, vous êtes celui qui est allé le plus loin en affirmant que les nouvelles technologies, et les technologies en général, modifiaient le cerveau humain…

Oui. L'univers technologique que l'on a inventé façonne non seulement nos modes de vie, mais aussi notre façon même de fonctionner biologiquement. On sait depuis une vingtaine d'années que le cerveau humain est sculpté par le milieu, l'écologie au sens littéral. Maintenant que nous maîtrisons notre écologie, chacun organise une micro-écologie autour de lui, micro-écologie de température, micro-écologie de réfrigérateur, micro-écologie pour le sommeil...

La science de l'habitat modifie notre environnement. La plasticité cérébrale montre que le milieu qu'on a inventé technologiquement sculpte notre cerveau de manière totalement différente, et sculpte même la sécrétion de nos neuro-hormones. Or, cela pose maintenant un problème qui relève de la médecine fiction, de la techno-fiction. Depuis quatre ou cinq ans, nous avons accès à de plus en plus de publications de recherche sur les pubertés précoces chez les petites filles et les petits garçons. Les filles, dans les milieux occidentaux « riches », donc techniques, font leur puberté en moyenne à 10 ans, 10 ans et demi, parfois même quelques-unes avant. Les garçons ont aussi une accélération de leur puberté, mais avec un retard de deux ans, deux ans et demi sur les petites filles – probablement parce que l'organisme femelle ne reçoit pas les mêmes informations de la même manière que les organismes mâles.

On sait que, à l'époque des Romains, les filles étaient réglées vers 14, 15 ans, comme aujourd'hui dans les pays pauvres. Cela signifie que l'amélioration des interactions précoces, c'est-à-dire les conditions éducatives, les progrès de l'hygiène de tous les enfants, mâles et femelles, l'amélioration des conditions d'hygiène alimentaire et micro-écologique, font que tous nos enfants ont une puberté précoce. Même si la puberté des garçons est beaucoup plus difficile à repérer, on sait qu'elle est précoce par rapport à celle des pays pauvres, mais qu'elle reste très retardée par rapport à celle des petites filles dans notre société.

Ce qui fait que, maintenant, nous sommes face à des petites filles qui ne comprennent pas ce qui leur arrive. Déjà à la génération d'avant, quand cela se produisait à 13, 14 ans, comme c'était un sujet tabou, les mères n'en parlaient souvent pas, donc les petites filles étaient étonnées, désemparées, mais se débrouillaient tant bien que mal. Mais maintenant que la puberté arrive à 10 ans ou parfois moins, là, elles ne comprennent plus du tout. Nous sommes dans un cas où le surgissement des hormones modifie le psychisme.

Je fais partie de ceux qui pensent que les hormones sont des psychotropes. J'ai eu l'occasion de soigner, quand j'étais médecin ici, des athlètes de haut niveau qui se droguaient aux hormones : les filles prenaient trente fois plus d'hormones de croissance et d'hormones mâles parce qu'elles n'étaient pas gênées par la prostate. Elles avaient donc des masses musculaires magnifiques, qu'elles payaient d'un prix cérébral et affectif très fort.

Nos petites filles deviennent donc matures plus vite que les petits garçons, mais culturellement, on ne leur explique toujours pas, car on ne conçoit pas qu'une petite fille de 9 ou 10 ans soit pubère. Le résultat est que les petites filles deviennent anxieuses, agressives et très mûres neuropsychologiquement. Leur cerveau, sous l'effet des hormones, se développe beaucoup plus vite.

On comprend la chaîne physiologique qui mène jusqu'au cerveau, mais entre les technologies et le cerveau, comment cela se passe-t-il ?

Le point de départ, c'est l'amélioration des conditions techniques, vaccins, aliments, et microtechnologiques, avec un rythme scolaire, une régularité qui conviennent très bien aux petites filles. Ce qui fait qu'elles ont maintenant au moins deux ans d'avance sur les petits garçons.

Au début, j'ai douté de cette conclusion, mais cela ne fait maintenant plus l'ombre d'un doute : les petites filles se développent neuropsychologiquement bien plus vite que les petits garçons. Ce qui va poser

“

Les analystes financiers s'interrogent sur les facteurs de résistance du cours des actions face au krach boursier. Plusieurs hypothèses peuvent être avancées. L'Observatoire de la féminisation des grandes entreprises a choisi d'en explorer une : est-ce que la féminisation des entreprises et de leur encadrement influencent le comportement boursier de l'action de l'entreprise ?
Cette hypothèse s'appuie sur de nombreux travaux de sociologie et de science de gestion qui montrent que les comportements des femmes dans les entreprises, notamment leurs pratiques managériales, diffèrent de ceux des hommes. Entre autres différences, les femmes seraient plus consensuelles et plus averses aux risques. Ce dernier trait de caractère, longtemps honni, se révèle depuis quelques semaines une grande vertu et pourrait justifier la résistance à la baisse des actions de certaines entreprises. La prédominance de femmes cadres conduirait l'entreprise à prendre des décisions mieux pesées et moins risquées.(...)
L'analyse montre que la féminisation des entreprises est en relation avec l'évolution de leur cours de Bourse.(...) Plus l'encadrement d'une entreprise est féminin et moins son cours de Bourse a chuté depuis le début de l'année et donc, inversement, plus l'encadrement d'une entreprise est masculin et plus son cours de Bourse a chuté. Plusieurs études ont montré que le style de management des femmes diffère de celui des hommes. Notamment en matière de prise de risque, les femmes tendraient à prendre des décisions moins risquées. La forte proportion de femmes dans la population des cadres pourrait conduire l'entreprise à prendre des décisions plus prudentes qui la mettent moins en danger en période de crise boursière. Lors d'un krach, les marchés financiers récompenseraient implicitement les stratégies plus prudentes-conservatrices des femmes et sanctionneraient les stratégies plus audacieuses-dangereuses des hommes.”

Observatoire de la féminisation des entreprises françaises, extrait de l'étude *CAC 40 : les entreprises féminisées résistent-elles mieux à la crise boursière ?*,
Pr Michel Ferrary – Ceram Business School, 2008

un problème social faramineux ! Au moment du bac, les filles sont de bonnes élèves parce qu'elles sont en avance, et aussi parce qu'elles sont anxieuses, inquiètes du jugement que l'on porte sur elles, et travaillent plus régulièrement. À l'inverse des garçons qui se fichent un peu de l'école : ils pensent que le foot est plus important, l'école, on verra plus tard... Au moment de l'orientation professionnelle et du choix des métiers, les filles ont encore un peu de retard, mais ces dix dernières années, les diplômes des filles dépassent ceux des garçons, et leurs salaires, depuis dix ans, ont augmenté de 46 % contre 6 % pour les hommes.

féminisation

Ce qui fait que l'on peut prédire, j'en fais le pari, que, dans dix ans, les femmes auront l'essentiel du pouvoir social. Sauf dans les deux extrêmes : tout en haut de l'échelle, dans les grandes prépas, il n'y a pas beaucoup de filles ; et, extrêmement bas, parmi les SDF, il n'y a pratiquement pas de filles. Mais en revanche, tout l'espace intermédiaire sera pris par – je vais inventer un chiffre – 70 %, 75 % de femmes. Ce qui va certainement changer la culture. On voit en médecine comment la féminisation a radicalement changé, par exemple les concours de médecin inspecteur de la Sécurité sociale. Auparavant, des médecins hommes malades qui prenaient ces postes. Maintenant, les femmes se présentent en masse à ces concours, elles ont élevé le niveau du concours de manière faramineuse, alors qu'avant on n'avait qu'une préparation d'une semaine ou deux. En revanche, 10 % des médecins diplômés s'installent en ville. C'est-à-dire que, en moins d'une génération, il y a ainsi un basculement incroyable des conditions techniques de la pratique médicale.

Mais ces nouvelles compétences signifient plus d'anxiété ?

Jusqu'à la puberté, les consultations de psy accueillent majoritairement des petits garçons, il n'y a pratiquement pas de filles. Et à la puberté, c'est l'inverse : les garçons deviennent sereins, gais, confiants

Je fais vraiment
la prédiction d'un énorme
bouleversement culturel.

– parfois même un peu trop. Alors que les filles vont devenir compétentes et anxieuses, les garçons se consacrent aux choses importantes « virilement », c'est-à-dire aller au café pour discuter avec les copains, jouer au foot, et, de temps en temps, éventuellement, se transformer en sex toys... Cette décontraction, peut-être provoquée par la démission, chez les garçons on note un phénomène de « décrochage » croissant. Je rentre du Canada et des États-Unis où je suis en train de faire des enquêtes montrant que ce sont les garçons qui décrochent, alors qu'avant ils travaillaient énormément... Puisque les filles font tout, elles peuvent faire tous les métiers, donc les garçons font maintenant des choses plus agréables pour eux...

Le raisonnement que je vous ai proposé est un raisonnement systémique : ce n'est pas une cause qui provoque un effet, c'est l'amélioration technique de la petite enfance qui provoque une modification du développement, qui va modifier la société, qui va modifier le développement des enfants, etc. Je fais vraiment la prédiction d'un énorme bouleversement culturel. D'autres découvertes technologiques ont eu un impact considérable. Prenons les Mongols : leur petite taille les rendait vulnérables car ils ne pouvaient s'accrocher aux chevaux, et tombaient facilement lors des combats. La découverte de l'étrier a radicalement changé le rapport de forces et permit l'extension de leur empire au XIIIe siècle de la Méditerranée jusqu'en Inde. Plus près de nous, une découverte biologique élémentaire, celle du blocage de l'ovulation sur des lapines, qui a abouti à la contraception, a bouleversé la condition humaine en permettant aux femmes de se doter de destins totalement différents, de projeter une vie professionnelle autonome et de s'épanouir, de se comporter de façon indépendante sur le plan social. Jusqu'à cette date, la très grande majorité des femmes vivaient en fonction de leur rôle de reproduction. En ce sens, on peut affirmer que la lapine a davantage révolutionné nos modes de vie qu'Internet…

Mais si l'on considère les nouvelles technologies, Internet par exemple, on pourrait penser que les filles et les garçons se trouvent à égalité devant ce nouveau mode de représentation du réel.

Est-ce qu'Internet est une représentation du réel ? Je fais l'hypothèse qu'Internet est une super-langue, une sur-langue. Si les garçons sont plus accros que les filles à Internet, c'est que cela fait partie de l'univers des jeux ; puisque les filles ont fait les choses secondaires, comme au XIIIe siècle en Provence, les femmes faisaient les choses secondaires – la maison, les enfants – et les garçons faisaient les choses essentielles – la guerre, les tournois et l'organisation des fêtes. Je pressens que l'avenir va revenir à une répartition un peu de cette nature-là. Est-ce qu'Internet modifie ça ? La comparaison classique, c'est avec la découverte de l'imprimerie. C'est vrai que la découverte de l'imprimerie a modifié les structures mentales.

Quand elle a été inventée, il y a eu un effet bénéfique et un effet maléfique. Si l'on prend le cas de la navigation, puisque nous sommes ici dans une région de marins, l'effet positif a été que, par exemple, le capitaine n'est plus seul maître à bord après Dieu, parce que, avant, c'était le seul à pouvoir faire le point, et les hommes de l'équipage étaient obligés de se soumettre pour survivre. Dès l'instant où l'imprimerie a été inventée, il y a des gars qui ont appris comment on faisait le point et, désormais, le capitaine n'est plus le seul maître à bord après Dieu, il risque d'être balancé par-dessus bord, un autre homme sait faire le point et peut prendre le relais. Donc l'invention de l'imprimerie a été le premier pas vers la démocratie.

Les retombées maléfiques de l'imprimerie, cela a été les cartes marines, la colonisation : on a envoyé des armées, on savait comment

Ce qu'on faisait en un million d'années, maintenant, on le fait en quinze ans.

> *Je terminerai par un mot catastrophique : les nouvelles technologies nous ont condamnés à devenir intelligents. Puisque nous avons le savoir et les technologies devant nous, nous sommes condamnés à devenir inventifs, intelligents, transparents.*
> *L'inventivité est tout ce qu'il nous reste. La nouvelle est catastrophique pour les grognons, mais elle est enthousiasmante pour les nouvelles.*"
>
> Michel Serres, discours à la conférence du 40e anniversaire de l'INRIA, Lille, décembre 2007

envoyer des vaisseaux, on payait des hommes pour envahir des terres. Autre effet maléfique, celui-là : le marteau des sorcières, le *Malleus Maleficarum*, le premier best-seller mondial : comment torturer les gens pour obtenir leur conversion au catholicisme. La Bible est devenue un best-seller à ce moment-là aussi, d'ailleurs en même temps que le *Malleus Maleficarum*.

Mais la différence est que la révolution de l'imprimerie s'est étendue sur un très long laps de temps, alors qu'Internet n'existe que depuis quinze ans.

Effectivement, il y a accélération du temps, qui fait que, maintenant, on fait en quinze ans ce qu'on faisait avant en plusieurs siècles, et même probablement ce qu'on faisait avant en plusieurs centaines de milliers d'années. Si l'on date l'apparition de la technologie de l'invention du silex biface, on constate que, pendant plus d'un million d'années, il n'y a pas d'évolution : ces silex bifaces se sont répandus autour du bassin méditerranéen et même plus loin, jusqu'à ce qu'on appelle maintenant la Russie, qui devait être plus chaude qu'aujourd'hui...

Ce qu'on faisait en un million d'années, maintenant, on le fait en quinze ans. L'évolution est qu'Internet participe à cette fulgurance.

C'est par exemple stupéfiant ce que permet Internet. Je cherchais récemment un renseignement très simple : le nom du général qui avait libéré Bordeaux. Je suis allé sur Internet pour voir la réponse, et à ma grande stupeur, j'ai retrouvé un film d'une scène à laquelle j'ai participé enfant.

Au moment de la libération de Bordeaux, on m'avait demandé d'offrir un bouquet de fleurs à ce fameux général qui parlait à la foule depuis le premier étage du Grand Hôtel de Bordeaux. C'était la fête, tout le monde chantait, les gens s'embrassaient dans la rue. J'étais très étonné de voir les gens s'embrasser dans la rue, surtout des gens qu'ils ne connaissaient pas, ça me paraissait stupéfiant ! J'ai pu revoir cette scène, c'est une des prouesses incroyables d'Internet.

C'est presque magique. Et assez paradoxalement, je pense que cette performance technique stupéfiante renforce l'esprit magique.

Un ensorcellement ?

Vous ne croyez pas ? Les sectes recrutent dans les grandes écoles et auprès de techniciens : il n'y a pas de secte, ou très peu, chez les paysans et les ouvriers. Et ces techniciens sont des gens qui sont brillants, qui savent faire marcher leur tête, se laissent piéger par des récits absurdes. Il m'est arrivé d'être invité à des réunions de grands scientifiques qui attendaient la visite des Martiens, de même que, au XIXe siècle, Charles Richet, qui était un grand nom de la biologie, faisait tourner les tables.

Je pense donc que le développement d'Internet, non seulement n'est pas antagoniste de l'esprit magique, mais que, au contraire, cette victoire technologique stupéfiante le renforce.

magique

Est-ce que ce n'est pas aussi parce que la technologie nous coupe d'une partie des modes d'éducation traditionnelle, et que l'on est donc obligé de chercher la sécurité ailleurs ?

Il y a certainement un problème de rupture entre les générations, que Margaret Mead a été une des premières à signaler, et qui maintenant devient flagrante. Il n'y a plus cette transmission du « corps à corps » qu'il y avait à l'époque du silex taillé. Quand j'étais enfant, on admirait les anciens parce qu'on les suivait pour apprendre leurs gestes.

Je suis allé au Qatar, invité par l'hôpital de Doha pour partager des idées à l'occasion du traitement des enfants autistes. Lors d'un dîner, un vieux monsieur qatari m'aborde. On échange nos cartes et je vois écrit, comme métier, poète. Lorsque je lui ai demandé si l'on pouvait gagner sa vie en étant poète au Qatar, il m'a répondu que les jeunes l'admiraient, que ses poésies sont apprises partout. Il m'a ensuite raconté que, dans son enfance, les héros, c'étaient les artisans, ceux qui savaient faire un puits de pierre sèche, soigner les animaux ou dresser les chameaux, car la vie dépendait de ces gens-là. Et maintenant, les héros, ce sont les footballeurs et les poètes. Parce que la technologie a fait, en vingt ans, passer les Qataris du stade de Bédouins à ceux de riches investisseurs.

Mais ce qui m'a paru intéressant, c'est de voir, en une génération, le triomphe technologique associé à l'argent... Est-ce qu'il peut y avoir une technologie sans argent ? Est-ce qu'un pays pauvre peut devenir un pays technologique ?

Le développement de la télémédecine en Afrique donne l'espoir de changer la situation sanitaire du continent...

Mais qui paie ? La victoire technologique est incontestable, mais ce sont les pays riches qui offrent ça aux pays pauvres. Dans le passé, la charité pratiquée par les bourgeois, une manière de se dédouaner de la culpabilité d'être riche quand les gens sont pauvres à dix mètres,

Un savoir

désaffecté,

un savoir sans affect,

s'éteint.

c'était aussi un mécanisme d'équilibration sociale. C'est un lien entre les riches qui donnent et les pauvres qui reçoivent, un lien hiérarchique mais un lien quand même. Alors que possiblement Internet, ou même la télémédecine, la téléchirurgie, se font techniquement bien, mais sans lien.

Qu'en est-il de l'accès au savoir, qu'Internet nous promet, qui plus est gratuitement ?

C'est théoriquement vrai, mais quand nous travaillons sur les enfants abandonnés, ces enfants sont presque tous mauvais à l'école. Et dès qu'ils tissent un lien affectif, l'école prend sens pour eux et ils deviennent bons. C'est-à-dire qu'un savoir désaffecté, un savoir sans affect, s'éteint. On ne peut apprendre que pour quelqu'un. Il faut donner sens à ce qu'on apprend, et ce n'est pas la machine qui va le donner : le sens, c'est la relation, l'histoire, le récit que je me fais de moi et qui va donner sens à ce que je vois autour de moi.

affect

Je pense donc qu'une technologie sans affect va se dessécher, car on cherchera toujours une technologie plus sophistiquée, de même que les enfants sont en train de quitter la télé pour s'orienter vers un écran plus performant. Mais la télé, c'était encore une veillée : on se mettait à trois, quatre, cinq... Des Rwandais me racontaient qu'au village, tous les soirs, les gens se réunissaient soit pour les matchs de foot, soit pour la pièce de théâtre, et, le lendemain, tout le monde parlait du match, même ceux qui ne l'avaient pas vu. Quand la télé est arrivée, on parlait du représentant, du comédien qui jouait le rôle de mon malheur, de ce qui m'avait touché ; on ne parlait pas de moi mais on parlait du représentant, de mon représentant narcissique... Ici, la performance technologique est source de liens.

En revanche, j'étais il y a quelques mois dans une favela à São Paulo – ce sont des favelas de 200 000 habitants – où il y a une forte délinquance. Les jeunes narcotrafiquants sont admirés, ils s'appellent eux-mêmes les « seigneurs de la rue », et les filles sont amoureuses de ces petits voyous, qui sont très riches dès l'âge de 13, 14 ans, et qui ont une espérance de vie de moins de dix ans... Mais pendant dix ans, ils vont devenir follement riches, follement aimés et ils vont mourir. Il y a donc un processus de socialisation archaïque fondé sur la force, la violence. Le gouvernement réagit en envoyant la police, et la fierté de ces garçons, c'était d'affronter la police.

Ils ont changé de politique : sous l'influence des psychologues, on a introduit l'affect. Ce n'est plus une force contre une autre force, ce sont des danseurs, des footballeurs, des guitaristes et des poètes qui vont dans les favelas. Les garçons ne résistent pas à un footballeur, les filles ne résistent pas à un poète... Et l'on voit – je l'ai vu – des groupes d'enfants s'agglutiner autour d'un gars qui chante ou qui récite des poésies. Et ces enfants qui acceptent une socialisation cultivée, ces garçons et ces filles qui acceptent l'affect, font que, maintenant, on est en train de pacifier – c'est leur mot – les favelas.

Donc, pour répondre à votre question, Internet devient le paradigme de la technologie. Mais il y en a d'autres, qui sont des victoires technologiques, en agissant mieux sur le réel, et qui créent une réalité virtuelle, ce qui est un énorme bénéfice : mais cette réalité virtuelle est désaffectée. Et cela pose un problème psychologique majeur qui est qu'Internet, qui permet des communications stupéfiantes, empêche probablement le phénomène de l'empathie. C'est-à-dire que je ne me mets pas à la place des gens avec qui je communique de manière incroyable. Je peux même communiquer sur Internet des fantasmes d'une intimité stupéfiante que je n'oserais même pas dire à mon psychanalyste. Parce que mon psychanalyste, c'est un homme (une femme), il est là, je le vois, j'éprouve une émotion et, même si c'est un travail soi-disant hors culture, si par malheur je rencontre mon

Or, nos enfants, lorsqu'ils sont gardés par la télé, et lorsqu'ils sont « sculptés » par des machines, réussissent des performances que leurs parents ne maîtrisaient pas. Mais ils apprennent à ne voir qu'un seul type de monde.

ou ma psychanalyste en ville, j'ai une émotion insupportable, parce que je sais qu'il sait.

Mais ces fameux liens qui se tissent au niveau planétaire, ces groupes autour d'affinités et de sujets communs, ce sont des liens artificiels, illusoires ?

D'abord, les rendez-vous sur Internet, ça n'existe pas ! Dès l'instant où il y a rendez-vous, ce n'est plus sur Internet : c'est grâce à Internet. Mais après, le « corps à corps » est permis, c'est l'« âme à âme » qui fonctionne. On retrouve donc le processus émotionnel archaïque : j'ai besoin de rencontrer quelqu'un, de voir comment il ou elle gesticule, comment il ou elle s'habille, de voir des choses que je ne vois pas sur Internet ou que je vois différemment.

C'est un progrès, il n'y a pas le moindre doute. Mais la réalité, on ne sait pas ce que c'est. La réalité, le réel j'aurais dû dire, est totalement non consciente. C'est-à-dire qu'on ne sait pas ce qu'est le réel. Le réel, on extrait d'un magma d'informations une toute petite bande passante acoustique, une toute petite bande passante visuelle. On extrait une sensorialité, c'est-à-dire quelque chose qui est très subjectif. Les abeilles vivent dans un monde ultra-violet, les serpents dans un monde infra-rouge... Donc, ce que l'on voit du monde est extrait par notre cerveau et nos organes. Et notre histoire nous rend sensibles à un type d'événements plus qu'à d'autres. C'est-à-dire que les femmes agressées sexuellement deviennent hypersensibles à ce genre d'information, et, toute leur vie, elles repèrent ça mieux que d'autres choses, parce que ça leur parle mieux : leur histoire, leur fracas, leur blessure les ont rendues hypersensibles à cette information que n'aura pas la voisine, parce que ce ne sera pas la même histoire.

sensorialité

De plus, les nouvelles technologies excluent, du moins pour le moment, un phénomène fondamental qu'est la communication pré-verbale, ou para-verbale. Il s'agit de tout ce qui est émis, et perçu, de façon inconsciente, comme par exemple l'« appel » hormonal qui se traduit chez les femmes en période d'ovulation par la dilation des pupilles ; ce sont les gestes, les signes que les machines ne peuvent transmettre.

C'est le même raisonnement pour les organes que pour l'histoire : ça nous rend sensibles à un type de monde. Et le monde qu'on perçoit, c'est le monde qui est construit par notre cerveau et notre histoire. Et on appelle ça le réel.

On sait maintenant, grâce à l'éthologie et à la neuro-imagerie, que si on élève expérimentalement un chaton dans un monde où l'on a privilégié les informations verticales, cela sculpte son cerveau ; et lorsque, quelques mois après, on le remet dans un monde où il a des informations verticales et des informations horizontales, il va se cogner contre toutes les informations horizontales, parce que son cerveau ne les perçoit pas ou il les perçoit mal. On a aussi démontré en neuro-radio que les zones cérébrales sont sculptées par le milieu.

> “ *La modernité, c'est le transitoire, le fugitif, le contingent, la moitié de l'art, dont l'autre moitié est l'éternel et l'immuable.*”
>
> Charles Baudelaire, *Le Peintre de la vie moderne*

Or, nos enfants, lorsqu'ils sont gardés par la télé, et lorsqu'ils sont « sculptés » par des machines, réussissent des performances que leurs parents ne maîtrisaient pas. Mais ils apprennent à ne voir qu'un seul type de monde. On va dire, pour utiliser une image, que leur cerveau a été « sculpté » par les machines. Ils ont appris à percevoir préférentiellement ce type de monde, et quand ils se retrouvent avec un autre type de monde, ils ne le perçoivent pas, ou très mal.

Cela signifie que le passage du monde technologique au monde affectif est obligatoirement difficile ?

Pas forcément, parce que si on prend conscience de ce danger, qui nous interdit de lutter contre ? On peut faire un parallèle avec le cas du lithium. J'ai participé au groupe de recherche sur le lithium à Marseille et à Toulon. On a constaté que ce médicament avait des effets stupéfiants alors qu'il n'y avait aucune explication scientifique. Les gens se sentaient « remis dans leurs gonds ». Dès que l'on a vu que ça marchait, même sans explication, et avant toute commercialisation, on s'est mis en chantier pour essayer de dépister les effets secondaires d'un médicament qui sauve actuellement 400 000 Français. Qui ne les guérit pas, mais qui les stabilise de manière stupéfiante.

Je pense qu'il faut faire la même chose pour Internet et les nouvelles technologies. On ne peut pas renoncer à ces bénéfices incroyables, c'est notre monde. Je pense même que c'est grâce à la technologie que l'on a survécu car nous sommes physiquement très faibles.

C'est le monde de l'artifice, c'est-à-dire le monde humain, qui nous a permis d'échapper à notre condition animale.

Sauf que, permettez-nous de vous citer, vous dites aussi que ce progrès devient maintenant délirant au sens négatif du terme.

Je le pense toujours. Délirer, c'était le terme utilisé par les paysans pour parler d'un laboureur qui sort du sillon. Donc délirer, ça ne veut pas dire être malade, ça veut dire ne pas avoir de méthode, partir

Il faut développer une culture du « corps à corps », c'est-à-dire une culture affective.

dans tous les sens. Les psychiatres l'ont récupéré pour en faire un mot pseudo-technique. Je pense que cela signifie que si on ne se fie qu'aux machines, on va délirer. Mais si l'on prend conscience, comme pour le lithium, que les machines, on ne peut pas les abandonner, ce sont elles qui ont créé la condition humaine, et si l'on prend conscience des effets secondaires qu'elles provoquent, il faut absolument renforcer le processus affectif. D'ailleurs, les jeunes qui se rencontrent grâce à Internet, que font-ils ? Ils boivent des pots ensemble, parfois ils forment des couples, ça tient ou ça ne tient pas, comme dans les anciennes méthodes, mais ils réintroduisent l'affect. Sachant les performances des machines, il faut garder ces bénéfices et se méfier des effets secondaires. Notre culture doit (ré)inventer le théâtre, les rencontres, les débats... Pour preuve, le succès extraordinaire des débats avec des salles de 800, 1 000 personnes sur des sujets pointus. La même chose pour les concerts ou le théâtre. Il faut retrouver des formes de culture populaire où le savoir est valorisé, comme a pu l'être le communisme à une certaine époque.

J'ai soigné des pêcheurs qui avaient des conditions de travail d'une dureté inimaginable, mais qui, le dimanche, mettaient le costume, traversaient la rade en ramant debout pour écouter les opéras italiens à Toulon. Les hommes, des ouvriers, lisaient. Il y avait une parité hommes-femmes chez ces gens-là même s'ils n'en parlaient pas, c'était évident pour eux.

Je pense également que si l'on veut garder le bénéfice de la technologie et lutter contre ses effets secondaires, ou les maléfices, il faut développer une culture du « corps à corps », c'est-à-dire une culture affective. Il faut que l'on aille au théâtre, au restaurant pour discuter, parce que, bien sûr, on ne sera pas d'accord ; il faut qu'on aille à un débat et qu'ensuite on ait envie de lire ou de parler avec l'orateur...

Il y a actuellement l'exemple des « apéros géants » organisés sur Facebook, et qui réunissent des milliers de personnes dans chaque ville, parfois un peu trop alcoolisées, mais là, c'est du « corps à corps », pour le coup.

Bien sûr, il y a le problème du « binge drinking », qui, à mon avis, est la preuve de la nécessité de garder les rituels archaïques, notamment les rituels d'initiation, parce que l'on n'accueille plus nos jeunes. Dans un rituel d'initiation, on les met à l'épreuve, on leur fait peur, mais on les entoure de façon à leur apprendre comment surmonter la peur : tu vas côtoyer la mort, mais on ne va pas t'abandonner, on va t'apprendre les chants, les formules magiques, les danses, qui vont te permettre d'être plus fort que la mort. Et quand tu reviendras, puisque tu auras été plus fort que la mort et que tu auras été initié, ta parole sera celle d'un adulte. On a des jeunes de 30 ans, j'appelle ça les nourrissons géants, qui n'osent pas parler chez eux.

initiation

Où peuvent s'élaborer ces fameux antidotes aux nouvelles technologies ? Au sein de la famille ?

Non, je ne crois pas. De toute façon, la famille « traditionnelle » telle que nous la connaissons maintenant est une invention très récente. C'est une création nécessitée par le développement de la civilisation industrielle et de l'exode rural. Il existe encore bien des formes de culture où les enfants sont pris en charge par une communauté élargie qui prend le relais des adultes défaillants. Je vais reprendre le proverbe africain : « Il faut tout un village pour élever un enfant. »

Nous avons, au sein de la commission Attali, préconisé la création de 200 000 emplois liés à la petite enfance, car c'est collectivement que nous pouvons assurer la sécurité dont l'enfant a besoin pour se développer harmonieusement. Je crois aussi beaucoup à ce que l'on appelle le sport de « bas niveau », celui que l'on pratique dans son quartier, celui qui fait se côtoyer les enfants et les adultes de plusieurs générations.

En conclusion, les nouvelles technologies vous rendent-elles optimiste ou pessimiste ?

Résolument optimiste. Car je suis convaincu que l'on court à la catastrophe au sens d'une révolution humaine, que ce sera l'occasion de tout reconstruire, tout repenser sur de nouvelles bases. La condition humaine a déjà subi plusieurs métamorphoses au cours de l'histoire, car aucun progrès technique ne survient sans conséquence négative. Je suis convaincu que les mutations en cours vont nous obliger à repenser notre monde, et c'est une excellente nouvelle… car après la *cata* – du grec « désintégration », vient la *strophe*, l'unité ordonnée !

Il faut tout un village pour élever un enfant.

“*Les technologies de l’information et de la communication sont sources d’optimisme durable car elles font écho – si on le décide – à l’aspiration de nos contemporains pour un monde plus respectueux des humains et de la planète.*”

Laurent Blanchard

Sommaire

Remerciements

Merci à Hélène Sancerres et à Stéphane Billiet qui m'ont accompagné sans relâche de leurs conseils et de leur enthousiasme tout au long de ce projet. Merci à Patrick Coupechoux qui m'a permis de conduire ce projet à son terme, ainsi qu'à Édith Lenoir et à Laurent Vicente, irremplaçables chevilles ouvrières. Merci enfin à Jean-Yves Casgha qui inlassablement nous rappelle opportunément que les théories improbables d'hier sont souvent devenues les vérités du lendemain.

Les droits d'auteurs seront reversés à l'Institut Télémaque.
En associant les acteurs du système éducatif, les entreprises et leurs collaborateurs, l'Institut Télémaque a pour objectif de promouvoir l'égalité des chances et de contribuer à la relance de l'ascenseur social. Il accompagne le développement de jeunes brillants et motivés issus de milieux modestes pour leur donner toutes les chances de réussir, en accord avec leur mérite.
Plus d'informations sur http://www.institut-telemaque.org

Photogravure : Leader
Imprimé en France par Laballery
Dépôt légal : juin 2010
N° d'édition : 1724
N° d'impression : 004314
978-2-7491-1724-9